美丽乡村建设丛书

新农村
住宅图集

骆中钊　编著

U0299925

中国电力出版社
CHINA ELECTRIC POWER PRESS

内 容 提 要

本书为《美丽乡村建设丛书》分册。

为了适应当前美丽乡村建设和进行村庄整治的需要，特从收集到的资料中精选出一部分具有代表性的新农村住宅设计方案汇编成本书。

全书共分 6 章，内容包括新农村住宅施工图、新农村特色住宅、新农村独立式住宅、新农村并联式住宅、新农村联排式住宅、多层庭院住宅。

本书适合于广大农民群众阅读，可供广大农民群众建房时参考，可供从事新农村建设的建筑师、规划师等设计人员、管理人员工作中参考，也可作为大专院校相关专业师生教学参考用书，以及对新农村建设管理人员进行培训的教材。

图书在版编目（CIP）数据

新农村住宅图集/骆中钊编著. —北京：中国电力出版社，2018.6
（美丽乡村建设丛书）
ISBN 978-7-5123-9626-5

Ⅰ. ①新… Ⅱ. ①骆… Ⅲ. ①农村住宅－建筑设计－中国－图集 Ⅳ. ①TU241.4-64

中国版本图书馆 CIP 数据核字（2016）第 182196 号

出版发行：中国电力出版社
地　　址：北京市东城区北京站西街 19 号（邮政编码 100005）
网　　址：http://www.cepp.sgcc.com.cn
责任编辑：乐　苑（010-63412380）
责任校对：闫秀英
装帧设计：王红柳
责任印制：蔺义舟

印　　刷：三河市航远印刷有限公司
版　　次：2018 年 6 月第一版
印　　次：2018 年 6 月北京第一次印刷
开　　本：787 毫米×1092 毫米　16 开本
印　　张：23
字　　数：574 千字
印　　数：0001—1500 册
定　　价：68.00 元

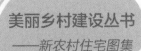

前 言

　　人的一生至少有三分之一以上的时间是在家中度过，人与住宅之间有着极其密切的关系。衣食住行为人生四大要素，住宅是人类赖以生存的基本条件之一。住宅作为人类日常生活的物质载体，为生活提供了一定的必要客观环境，与千家万户息息相关。

　　古代圣人孟子云："居可移气，养可移体，大哉居室"。成书于唐代的风水学经典著作《黄帝宅经》指出："凡人所居，无不在宅"。通过人类长期的生活实践，特别是经过依附自然—干预与顺应自然—干预自然—回归自然的认识过程，使人们越来越认识到住宅在生活中的作用，住宅文化的研究也随之得到重视。住宅直接影响人的生理和心理需求，是人类关心的永恒主题。

　　"住宅即生活"，有什么样的人，就有什么样的生活；有什么样的生活，就有什么样的住宅。家是长期居住生活的地方，必须自然舒适，必须可居可游，可观可聊，要有生活的情趣变化，因此设计住宅就是设计生活。

　　研究发现住宅对人健康的影响是多层次的。在现代社会中，人们心理上对健康的需求在很多时候显得比生理上对健康的需求更重要。因此，对家居环境的内涵也逐渐扩展到了心理和社会需求等方面。也就是对家居环境的要求，已经从"无损健康"向"有益健康"的方向发展，从单一倡导改善住宅的声、光、热、水及室内空气质量，逐步向更加注重提高人与人、人与自然和人与社会的和谐共生发展，并特别注重住区医疗条件的完善、健身场所的修建和邻里交往的密切等温馨家居环境的营造。在现代家居环境的营造中，对心理健康的培养与呵护主要应体现在以下三个方面：

　　（1）注重设计的科学性。努力使人们能够亲近大自然，让蓝天和绿树依然能够经常出现在人们的视野之中。

　　（2）力求体现人性化。家居环境应根据不同位置，建造宜人的庭院，营造非常轻松的氛围，以缓解疲惫的身心，缓解工作的压力，有益于身心健康。

　　（3）营造和谐的邻里关系，积极消除各种安全顾虑。

　　工业革命的发展引起了城市与城镇形态的重大变革，出现了前所未有的大片工业区、商贸区、住宅区以及仓储区等不同的功能区划，城镇结构和规模的急剧变化带来的是密集的钢筋混凝土高楼大厦和喧嚣的交通、密布的尘埃以及惨遭破坏的自然环境与人文环境，改变了人与人、人与自然和人与社会的和谐共生，使得人们的生理和心理等健康受到严重威胁。当人们领悟到这种灾难的痛苦后，纷纷渴望回归自然，向往着温馨、安全、健康、舒适等贴近自然的生活环境，唤起了人们对融于环境，强调"天人合一"的中国优秀传统庭院民居的追崇。传统庭院民居那种单层的建筑，由于占地太多，在用地十分紧张和技术进步的现代，是不能也不宜再发展的，低层庭院住宅便成为人们企求的热点。在低层庭院住宅的设计中，必须弘扬传统民居的厅堂文化、庭院文化和乡土文化，倡导庭院住宅楼层化，强化人与人、人与自然的密切关系，努力营造具有地方特点、民族特色、传统风貌和时代气息的现代庭院住宅，为人们创造温馨的家居环境。

农村住宅不同于仅用于生活居住的城市住宅，而是具有生活、生产的双重功能，不仅是农民的居住建筑，还是农民的生产资料。因此，农村住宅是农村经济发展、农民生活水平提高的重要标识之一，也是促进农村经济可持续发展的重要因素。

农村住宅建设是广大农民群众在生活上投资最大、最为关心的一件大事，牵动着各级党政领导和各界人士的心。搞好农村住宅建设，最为关键的因素在于提高农村住宅的设计水平。在社会主义新农村建设中，要做好农村住宅的设计，就必须更新观念，努力做到：一是不能只用城市的生活理念进行设计；二是不能只用现在的观念进行设计；三是不能只用"自我"的观念进行设计；四是不能只用模式化进行设计。因此，必须踏踏实实地坚持深入农村基层，认认真真地去熟悉农民群众，做到理解群众、尊重群众，与广大农民群众建立共同语言，才能提高农村住宅的设计水平，真正为广大农民群众谋福祉，为建设社会主义新农村服务。

本书是《美丽乡村建设丛书》中的一册，是为了适应当前美丽乡村建设和进行村庄整治的需要，特从收集到的资料中精选出一部分具有代表性的新农村住宅设计方案汇编而成，以飨读者。其中有已经建成并受到广大农民群众欢迎的方案，也有部分获奖方案，按新农村住宅施工图和新农村特色、独立式、并联式、联排式、多层庭院住宅六大类型进行汇编，希望能为各地建设新农村住宅提供参考。

书中编入的方案，除了作者创作的方案外，资料来源多为各地无偿赠送给广大群众的非正式出版物和同行的创作作品。为了丰富内容，还从相关书籍中摘录了一些方案。书中每个方案都注明设计单位和设计人，或者是方案的出处，以表示对方案创作单位和设计人的尊重，并借此致以崇高的敬意。

很多专家、学者和同行为本书编写提供了大量的资料，尤其是李雄、王学军、许征、王鑫、白芳、鲍继峰、张燕霞、杨斌辉、蒋筱瑜、袁晓玲、腾云、郭庭翔、韩军、陈珺、宋绍杭等协助收集和提供了大量的资料，张惠芳、骆伟、陈磊、冯惠玲、赵玉颖、骆毅、庄耿、邱添翼、林志伟、饶玉燕、李雄、李松梅、韩春平、黄洵、涂远承、虞文军、林琼华、张志兴、郑文笔、黄山等参加了资料的整理和汇编工作，特致以衷心的感谢。

限于作者水平和时间，书中不足之处在所难免，恳请广大读者批评指正。

骆中钊

2018 年 1 月

目　录

1 新农村住宅施工图

1.1 福建省新农村住宅

该住宅已在福建省顺昌县口前村等地建成。

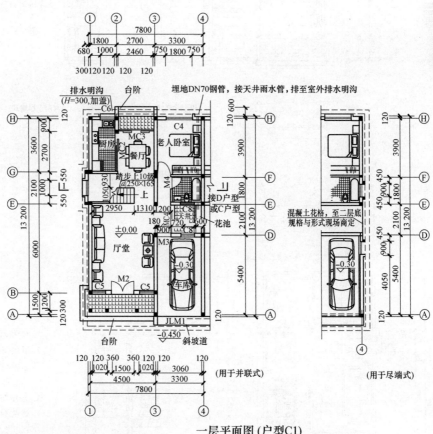

一层平面图 (户型C1)

注：1.图中家具布置仅为示意图，仅供设备布线时参考。

2.卫生间及厨房布置仅供参考，做法由各户主自行决定。

3.图中阳台栏杆及窗套均详见通用详图一中相关大样以及立面图示意。

4.图中一层卫生间、厨房入口平台地面均比室内低20mm。

5.图中一层天井地面标高为-0.200m。

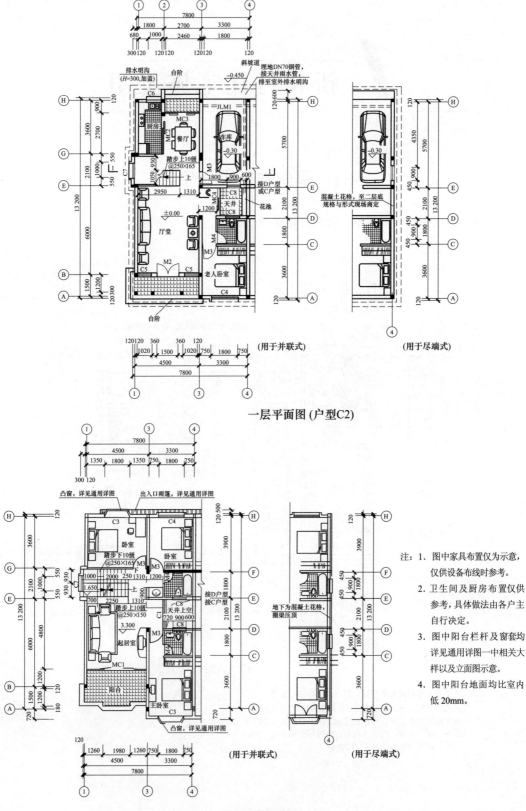

一层平面图 (户型C2)

二层平面图

注：1. 图中家具布置仅为示意，仅供设备布线时参考。

2. 卫生间及厨房布置仅供参考，具体做法由各户主自行决定。

3. 图中阳台栏杆及窗套均详见通用详图一中相关大样以及立面图示意。

4. 图中阳台地面均比室内低 20mm。

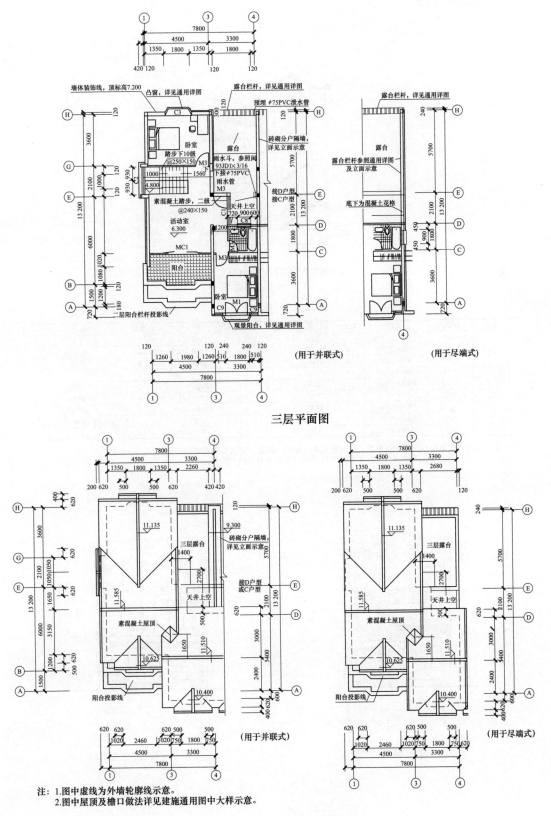

三层平面图

屋顶层平面图

注：1.图中虚线为外墙轮廓线示意。
2.图中屋顶及檐口做法详见建施通用图中大样示意。

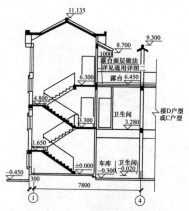

注：图中括号内数值及标注均为户型C1所涉及。

1—1剖面图

门窗表

类别	门窗编号	洞口尺寸	数量	位置	类别	门窗编号	洞口尺寸	数量	位置
门	M1	1560×27 000	1	阳台		C1	1860×2400	2	天井
	M2	1500×2700	1	主入口		C2	1860×1800	1	楼梯间
	M3	900×2100	8	户内		C3	1800×1800	3	凸窗
	M4	800×2100	4	卫生间		C4	1800×1500	2	
卷帘门	JLM	3060×2700	1	车库	窗	C5	1020×1800	2	厅堂
门连窗	MC1	2460×2700	2	阳台		C6	1000×1800	1	厨房
	MC2	2460×3000	1	厨房		C7	1000×900	3	楼梯间
	MC3	2460×2700	1	次入口		C8	900×1200	5	卫生间 车库 上抵梁底
	MC4	1860×3000	1	天井		C9	510×3000	2	卧室

注：1.本表仅提供洞口尺寸及数量，门的形式由甲方统一确定，做法参照当地相关图集。
　　2.三层外墙窗按表中高度未及梁底时，依据现场尺寸适当加高至梁底。

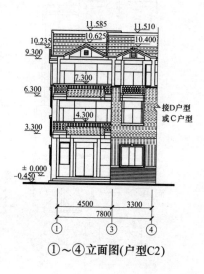

①～④立面图(户型C2)

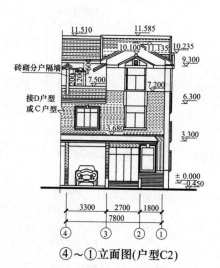

④～①立面图(户型C2)

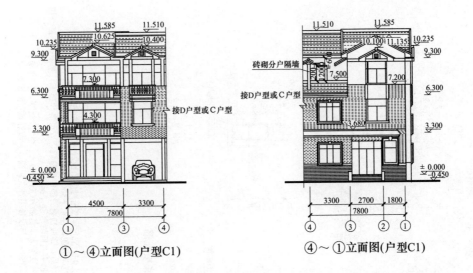

①～④立面图(户型C1)

④～①立面图(户型C1)

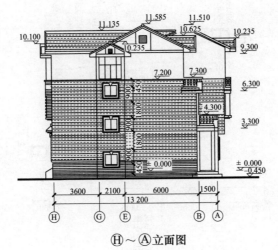

Ⓗ～Ⓐ立面图

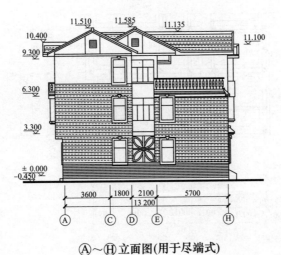

Ⓐ～Ⓗ立面图(用于尽端式)

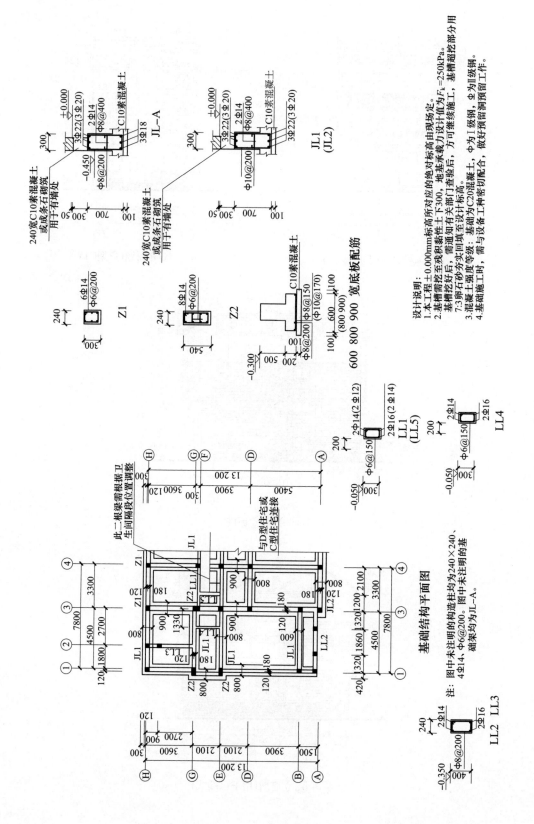

基础结构平面图

注：图中未注明的构造柱均为240×240、4Φ14、Φ6@200。图中未注明的基础梁均为JL-A。

设计说明：
1. 本工程土0.000mm标高所对应的绝对标高由现场定。
2. 基槽需挖至线积载性土下300，地基承载力设计值为Fₖ=250kPa。基槽挖好后，需通知有关部门查验，方可继续施工，基槽超挖部分用卵石砂夯实回填至设计标高。
3. 混凝土强度等级：基础为C20混凝土，中为I级钢，Φ为II级钢。
4. 基础施工时，需与设备工种密切配合，做好预留调预留工作。

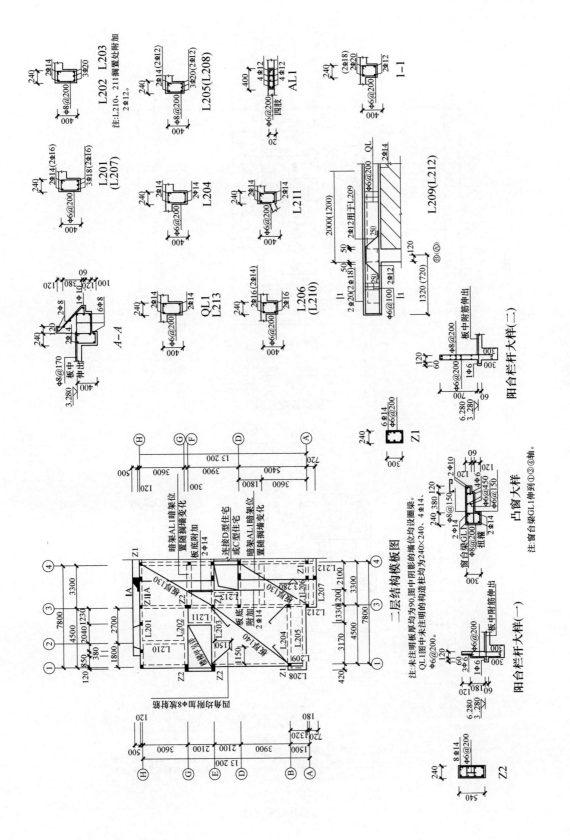

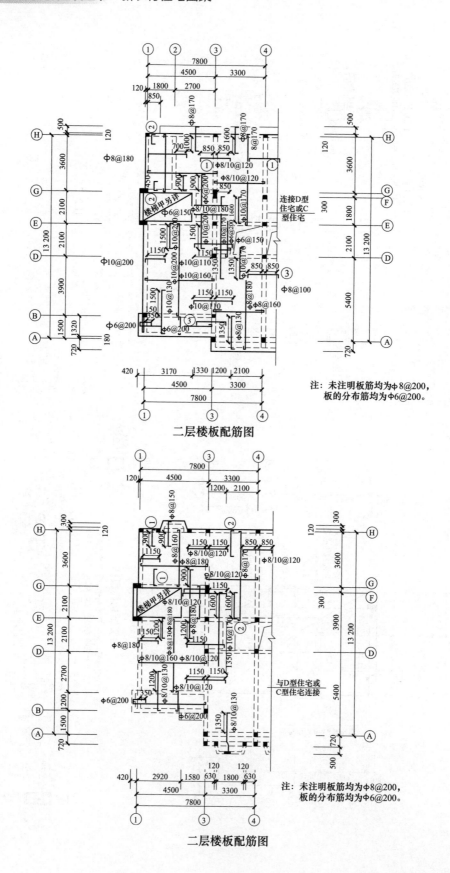

注：未注明板筋均为Φ8@200，
板的分布筋均为Φ6@200。

二层楼板配筋图

注：未注明板筋均为Φ8@200，
板的分布筋均为Φ6@200。

二层楼板配筋图

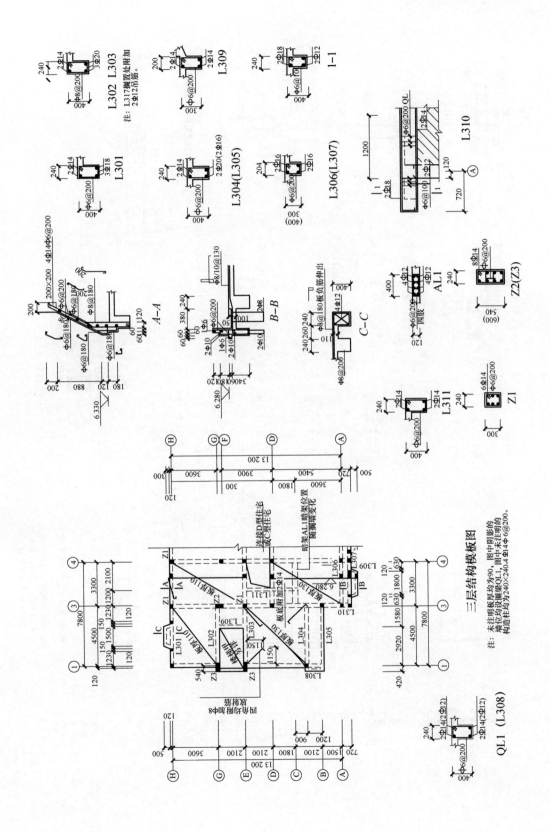

三层结构模板图

QL1 (L308)

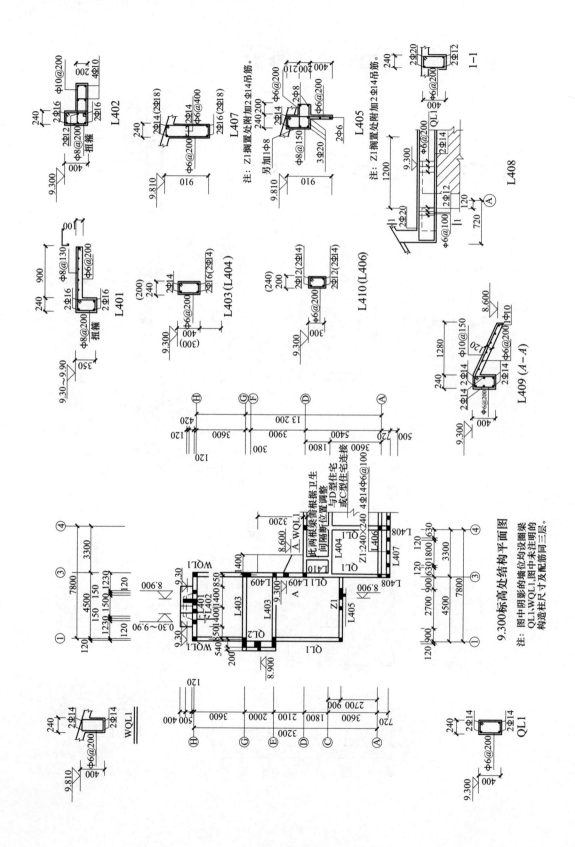

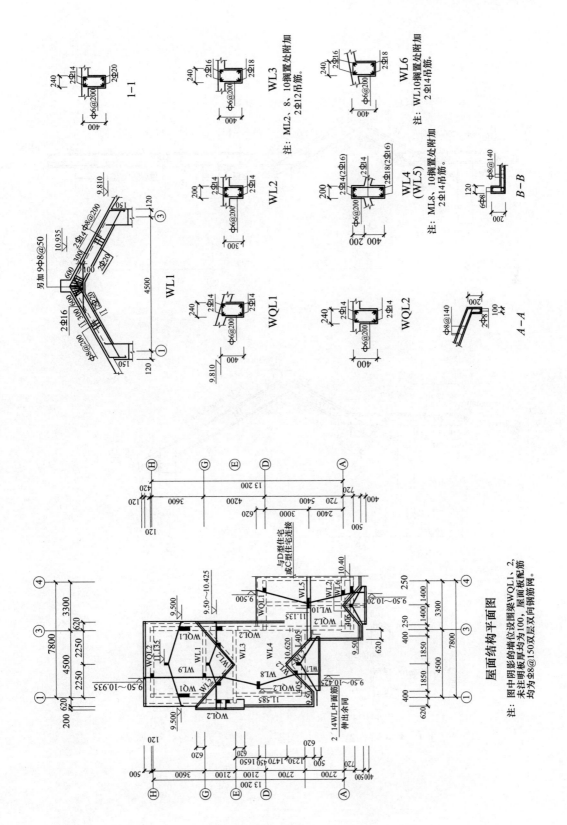

屋面结构平面图

注：图中阴影的端位设设围梁WQL1、2，
未注明板板厚均为100，屋面板配筋
均为Φ8@150双层双向钢筋网。

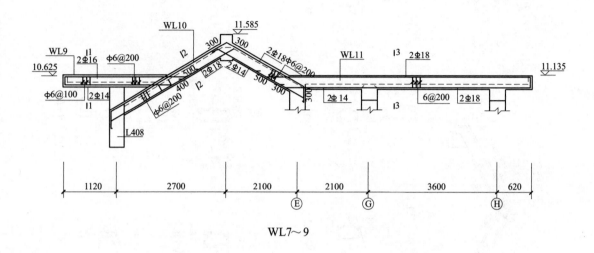

WL7~9

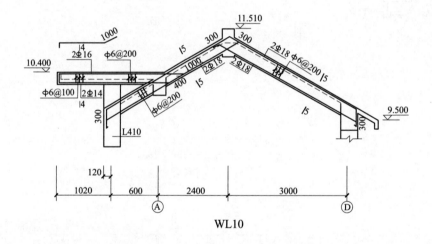

WL10

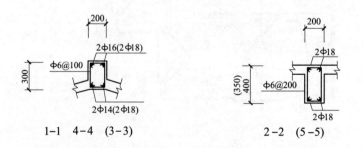

1-1 4-4 (3-3)   2-2 (5-5)

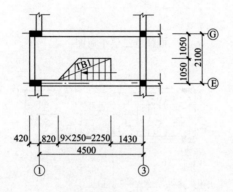

楼梯甲底层平面图

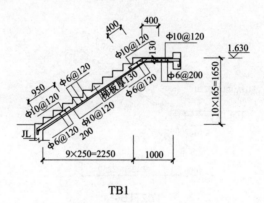

TB1

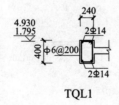

TQL1

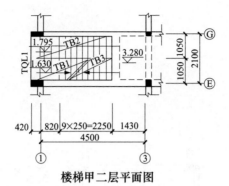

楼梯甲二层平面图

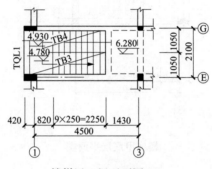

楼梯甲三层平面图

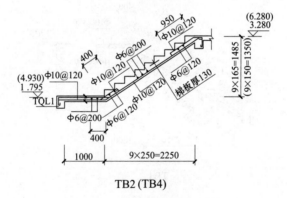

TB2 (TB4)

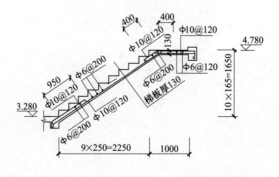

TB3

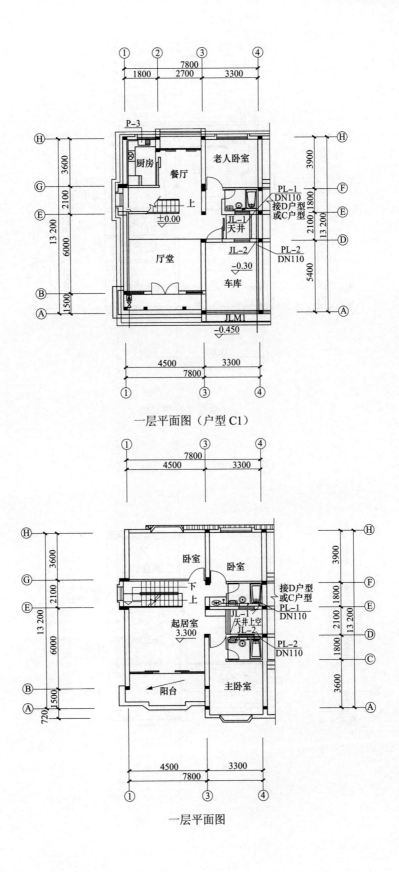

一层平面图（户型 C1）

一层平面图

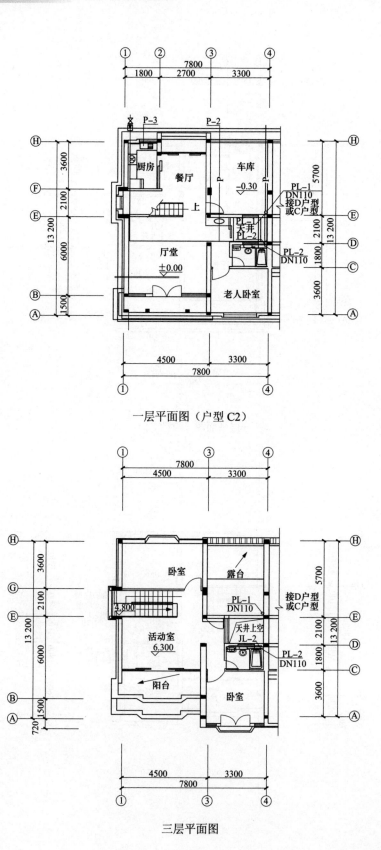

一层平面图（户型 C2）

三层平面图

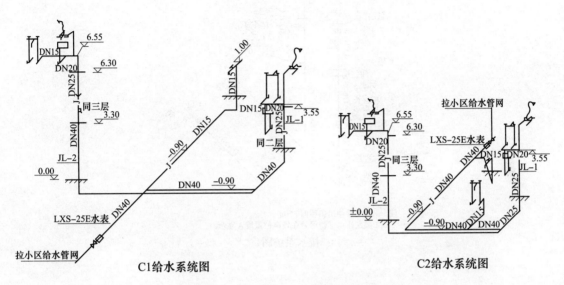

C1给水系统图

C2给水系统图

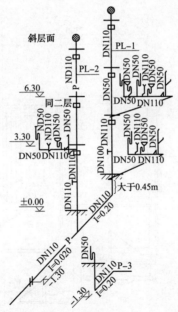

注：1.通气帽伸出斜屋面0.50m。
　　2.底层排水支管尽量在较高位置接入立管。

C1给水系统图

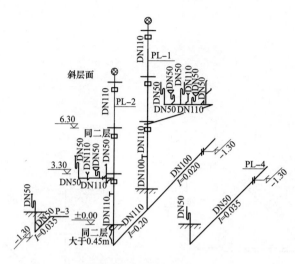

注：1.通气帽伸出斜屋面0.50m。
　　2.底层排水支管尽量在较高位置接入立管。

C2排水系统图

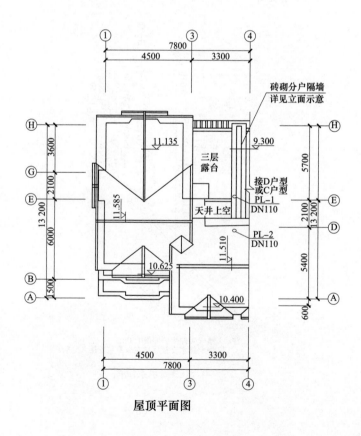

屋顶平面图

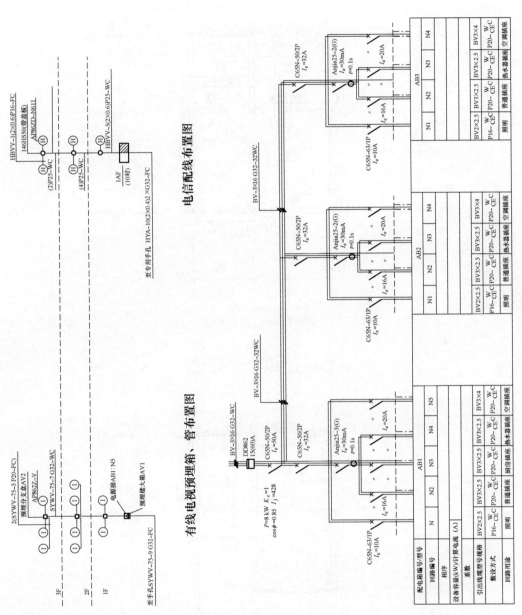

电信配线布置图

有线电视预埋箱、管布置图

电气系统图

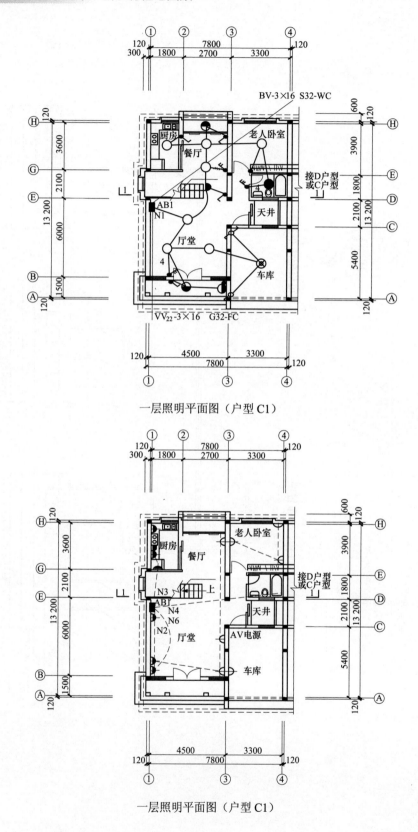

一层照明平面图（户型C1）

一层照明平面图（户型C1）

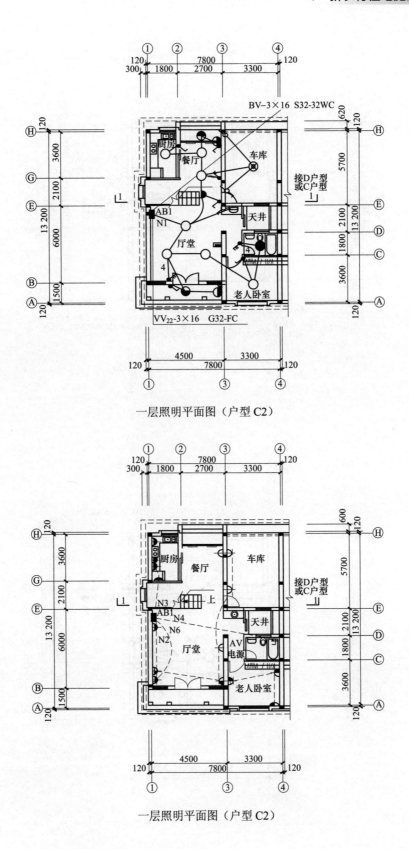

一层照明平面图（户型C2）

一层照明平面图（户型C2）

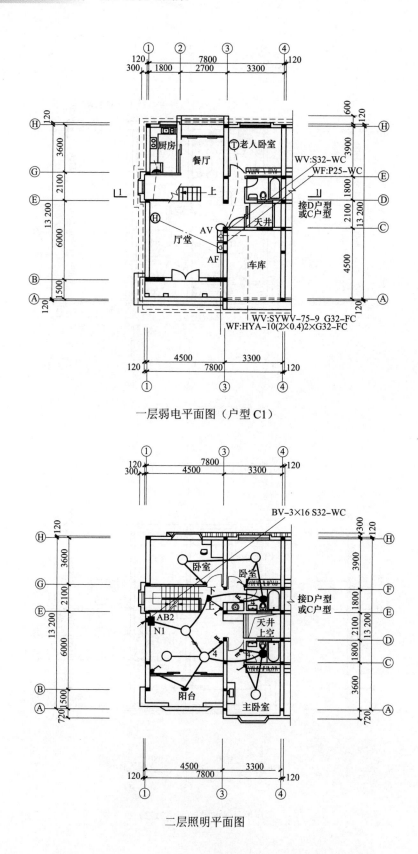

一层弱电平面图（户型 C1）

二层照明平面图

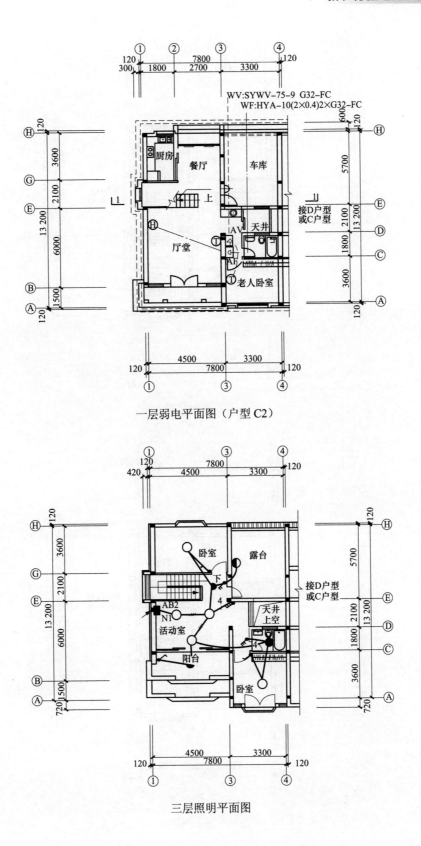

一层弱电平面图（户型 C2）

三层照明平面图

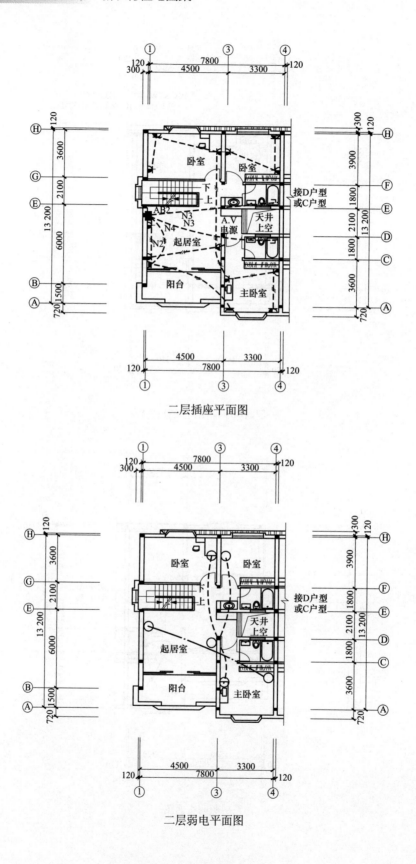

二层插座平面图

二层弱电平面图

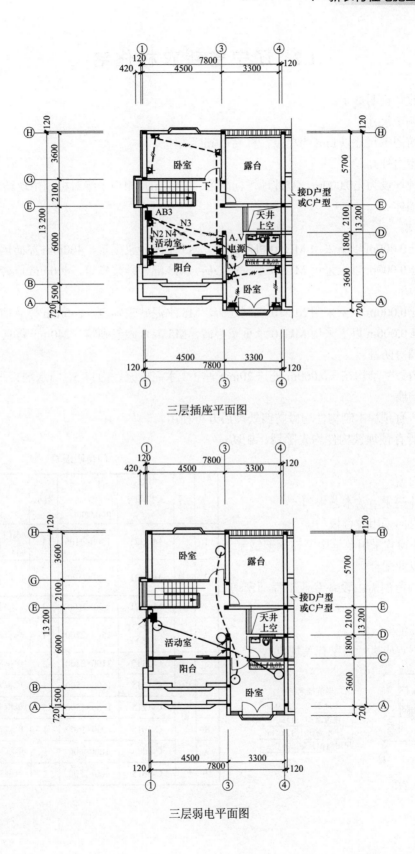

三层插座平面图

三层弱电平面图

1.2 辽宁省新农村住宅

建筑设计说明如下。

一、图中尺寸

本建筑图中尺寸以 mm 为单位，标高以 m 为单位。

二、室内外高差

室内地坪设为 ±0.000m，室外地坪标高为 −0.450m。相当于绝对标高由现场确定。

三、墙体

1．外墙

（1）±0.000m 以下采用 MU10 机制红砖，M5 水泥砂浆砌筑，400mm 厚砖墙。

（2）±0.000m 以上采用 MU10 承重空心砖，M5 混合砂浆砌筑，400mm 厚砖墙。

2．内墙

（1）±0.000m 以下采用 MU10 机制红砖，M5 水泥砂浆砌筑，240mm 厚砖墙。

（2）±0.000m 以上采用 MU10 承重空心砖，M5 混合砂浆砌筑，240mm 厚砖墙。

四、墙身防潮

所有内、外墙均在 −0.060m 处抹 20mm 厚 1:2 水泥砂浆，内掺 5%防水剂。

五、防腐

（1）所有预埋木制构件均做防腐处理后方可使用。

（2）所有预埋铁构件均先除锈，刷防锈漆一道。

六、门窗

（1）外门采用实木艺术门。

（2）内门采用胶合板门。

（3）外窗均采用单框中空玻璃塑钢窗。

七、专业配合

土建预留洞需由设备专业工程师密切配合施工。

八、其他

未尽事宜应执行国家有关规范。

门窗明细表

序号	类别	工程编号	洞口尺寸（宽×高，mm×mm）	数量	备注
1	门	M-1321	1300×2100	1	木门（外门做保温，内门半玻门）
2		M-0921	900×2100	7	木门（外门做保温）
3		M-0821	800×2100	3	（推拉门）
4	窗	MC-1521（15）	1500×2100	1	单框双玻塑钢窗
5		C-2115	2100×2100	2	单框双玻朔钢窗
6		C-1515	1500×1500	1	单框双玻塑钢窗
7		C-1215	1200×1500	5	单框双玻塑钢窗
8		C-1015	1000×1500	1	单框双玻塑钢窗
9		C-1006	1000×600	1	单框双玻塑钢窗
10		C-0615	600×1500	2	单框双玻塑钢窗

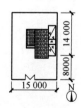

经济技术指标

占地面积	330.00m²
建筑面积	158.7m²
使用面积	121.5m²
使用面积系数	76.0%

庭院布置图

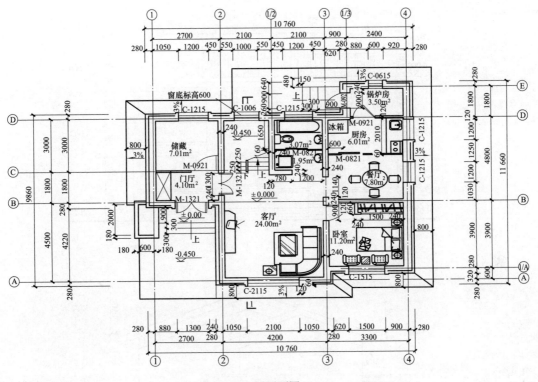

一层平面图

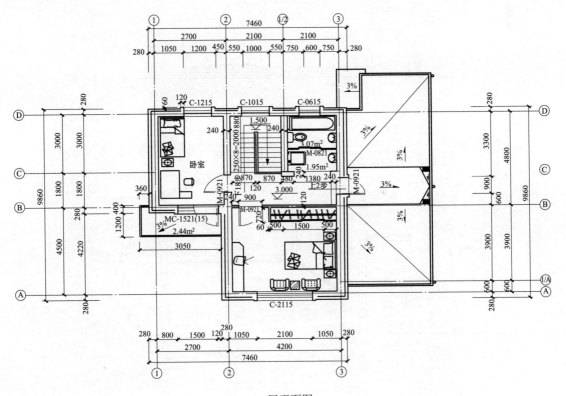

二层平面图

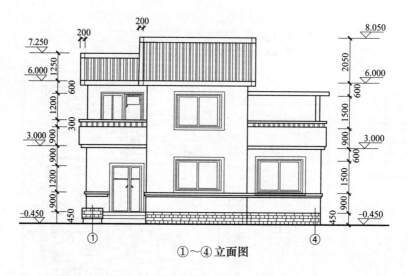

①～④立面图

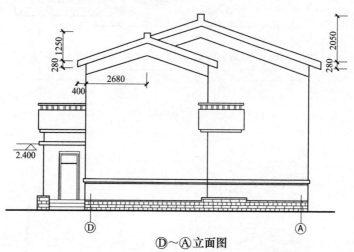

①～④立面图

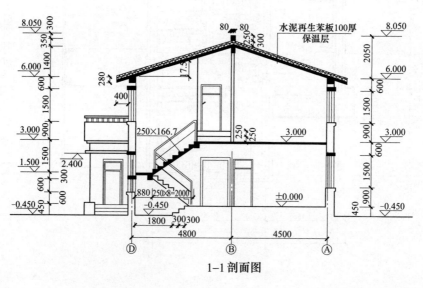

1-1 剖面图

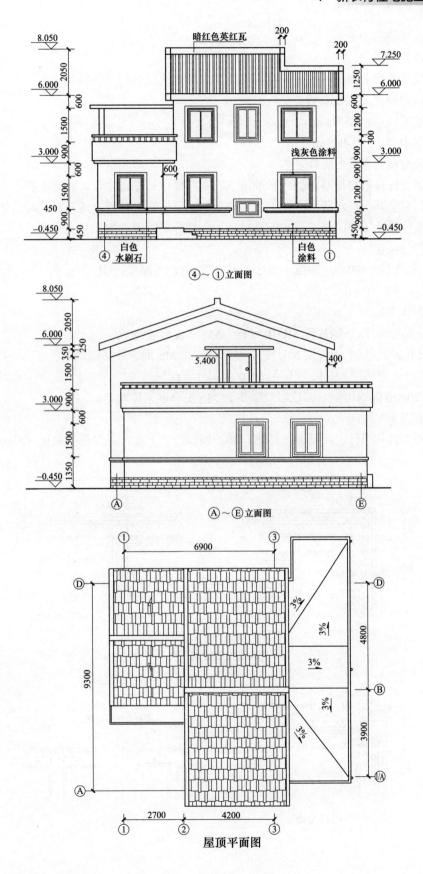

④～①立面图

Ⓐ～Ⓔ立面图

屋顶平面图

结构设计说明如下。

一、设计依据

国家现行各有关规范、规定，结构设计手册及建筑结构构造资料集等。

二、自然条件及荷载取值

（1）基本风压：$0.5kN/m^2$。

（2）基本雪压：$0.4kN/m^2$。

（3）抗震设防烈度为七度。

（4）本工程按假定地基承载力标准值 $F_k=120kPa$ 进行基础设计，基础置放于未扰动的天然土层，如果实际土层承载力不符，其埋深及基础宽度应予调整。地基开挖时，如地下水位较高，应做好排水工作。开挖后，应及时施工，并分层回填夯实。

三、代号说明

GZ 为构造柱；XB 为现浇板；XL 为现浇梁；TL 为梯梁；GL 为过梁；TB 为梯板；GB 为地沟盖板；YP 为雨篷。

四、砌体工程

（1）±0.000m 以下墙体用 MU10 红砖，M5 水泥砂浆砌筑。

（2）±0.000m 以上墙体用 MU10 承重空心砖和 M5 混合砂浆砌筑。

（3）60mm 隔墙用 MU10 红砖和 M10 水泥砂浆砌筑。

（4）120mm 隔墙用空心砖或轻质砌块和 M5 混合砂浆砌筑。

五、混凝土工程

（1）构造柱与墙体之间设置拉结筋，其具体构造见下图，或参见图集辽 92G801 第 12～14 页。

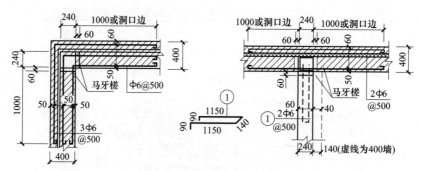

构造柱与砖墙连接

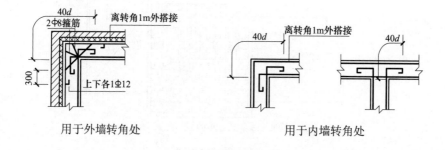

用于外墙转角处　　　　　　　　　用于内墙转角处

（2）构造柱必须先砌砖埋入拉筋后再浇注混凝土，砌筑时留马牙槎（详见图集辽92G801第7页）。

（3）未注明强度等级的构件，其强度等级均为C20。

（4）未注明分布筋均为φ6@200。

（5）构造柱、圈梁、女儿墙构造柱、压顶梁必须遵守JGJ 13—2014《约束砌体与配筋砌体结构技术规程》、图集辽92G801和GG329（一）、（二）中的规定。

六、构造要求

（1）本工程所用红砖进场后，必须取样试压。

（2）构造柱主筋锚入地梁内35d（d为钢筋直径）。

（3）本设计未考虑冬季施工。如冬季施工，应按冬季施工有关规定执行。

（4）全部节点构造及本图未尽事宜，均按7°设防有关规定及标准图集CG 329及辽92G801执行。

七、其他

（1）过梁选自图集辽92G307，地沟选自图集《辽92G304》，空心板选自图集辽93G401。

（2）当楼板需开洞口时，应预先留设，不得后凿。

（3）室内过梁底标高按建施图施工，当遇混凝土构造柱时，与柱一起浇筑，另加2φ8负筋、φ6@200箍筋。

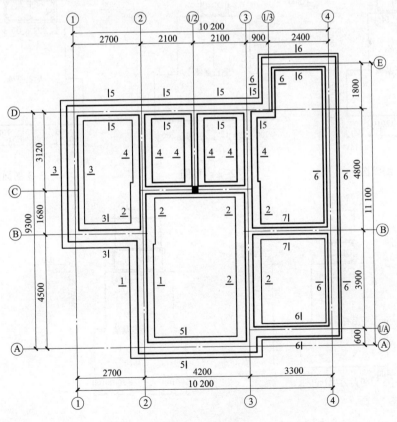

基础平面布置图

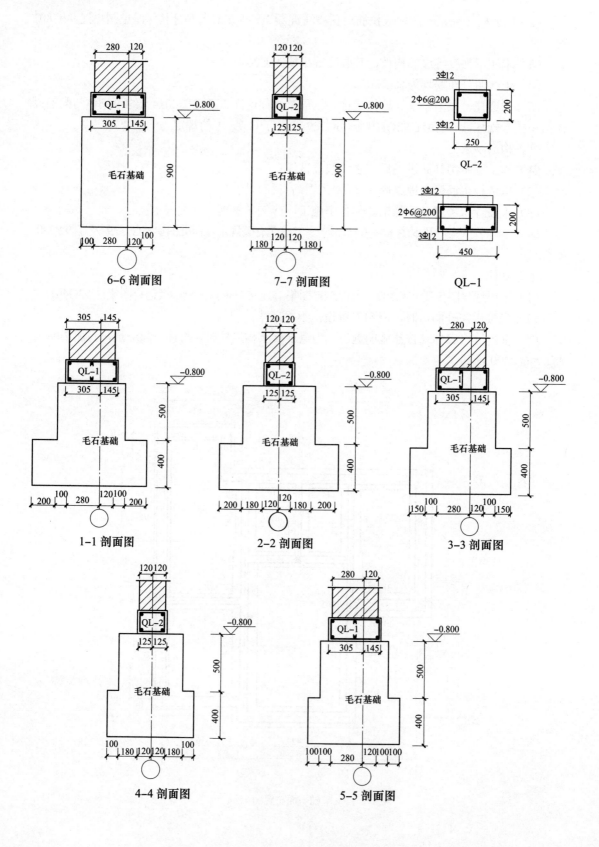

6-6 剖面图

7-7 剖面图

QL-1

1-1 剖面图

2-2 剖面图

3-3 剖面图

4-4 剖面图

5-5 剖面图

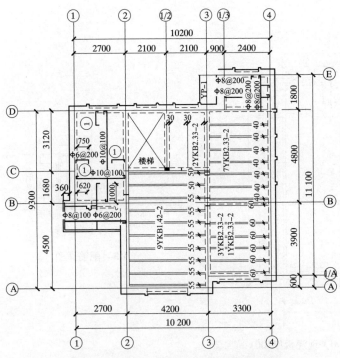

一层板布置图 (板顶标高3.000，现浇板厚100)

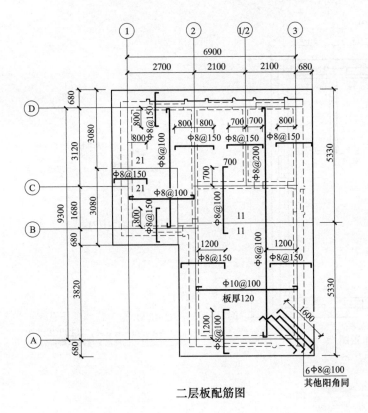

二层板配筋图

6Φ8@100
其他阳角同

1-1 剖面图(屋脊标高8.050)

2-2 剖面图(屋脊标高7.250)

过梁说明：
1.内墙过梁除注明外，均采用GL1.9-3。
2.外墙过梁的挑檐宽度减少30mm。

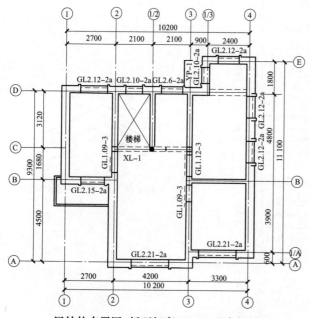

一层结构布置图(板顶标高3.000,现浇板厚100)

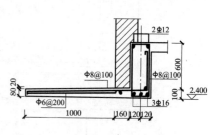

YP-1配筋详图

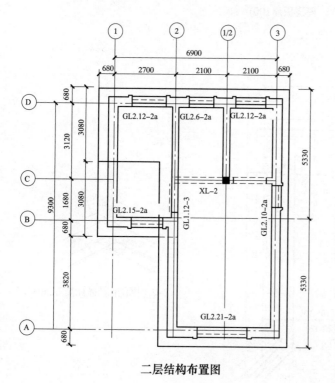

二层结构布置图

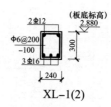

XL-1(2)

过梁说明:
1.内墙过梁除标注外,均采用GL1.9-3。
2.外墙过梁的挑檐宽度减少30mm。

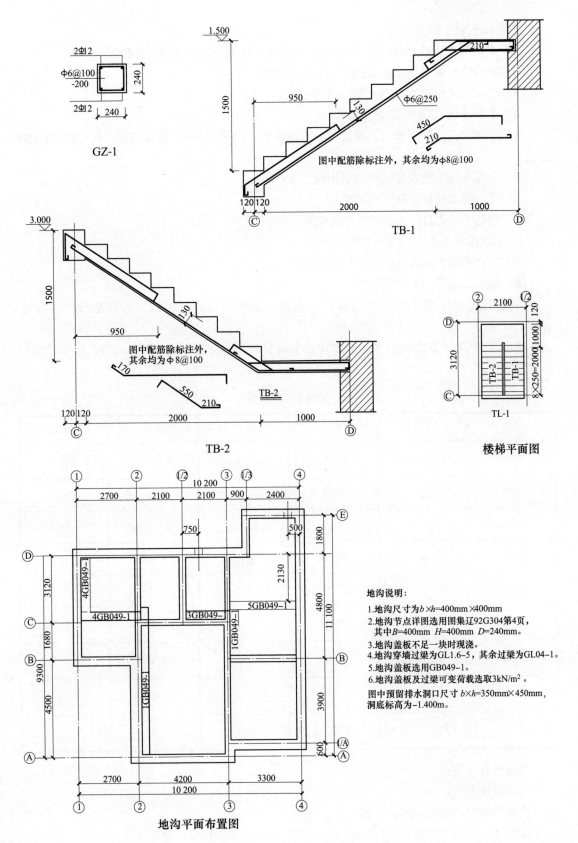

GZ-1

图中配筋除标注外，其余均为φ8@100

TB-1

图中配筋除标注外，其余均为φ8@100

TB-2

TL-1

楼梯平面图

地沟说明：

1. 地沟尺寸为 $b \times h = 400mm \times 400mm$
2. 地沟节点详图选用图集辽92G304第4页，其中 $B=400mm$ $H=400mm$ $D=240mm$。
3. 地沟盖板不足一块时现浇。
4. 地沟穿墙过梁为GL1.6-5，其余过梁为GL04-1。
5. 地沟盖板选用GB049-1。
6. 地沟盖板及过梁可变荷载选取$3kN/m^2$。

图中预留排水洞口尺寸 $b \times h = 350mm \times 450mm$，洞底标高为-1.400m。

地沟平面布置图

给排水设计说明：

（1）本工程生活给水设计流量 G 及水压 H 为：G=0.75L/s，H=0.16MPa。

（2）室内给水管采用给水 UPVC 管，粘接连接。

（3）排水管采用排水 UPVC 管，粘接连接。

（4）水表选用 LXS 叶轮湿式水表。

（5）排水管的模管与模管、模管与立管的连接，应采用 45°三通或四通、90°斜三通或斜四通。

（6）立管与排出管端部连接宜采用两个 45°弯头。

（7）室内排水管坡度按下列数值：

    DN50   0.035   DN75   0.025

    DN100   0.02   DN150   0.01

（8）检查井为 ϕ1000 的砖砌圆形检查井。

（9）给水管道阀门采用调节阀。

（10）管道穿墙或穿楼板时均设钢管套管。卫生间内的穿楼板立管应加设刚性防水套管。

（11）图中除标高以 m 计外，其余均以 mm 计；给水管道标高以管中心计，排水管道标高以管底计。

给排水采暖图例

名称	图例	名称	图例	名称	图例
排水	-----	给水	———	大便器低水箱	
水嘴		地漏	⊘ ◡	大便器存水弯	
清扫口	⊙ ⊤	阀门	◁ ◸	洗手盆存水弯	
检查口	�	水表井	◢	浴盆存水弯	
通气帽	↑	立管编号	JL-1PL-1	排水井	⊕
止回阀		回水管	-----	自动排气阀	
供水管	———	固定支架	✕	手动放风阀	
立管标号	(L₁)	立管	—○—	760 散热器	10
坡度坡向	i=0.033	泄水阀			

采暖设计说明：

（1）设计参数：

供暖冬季室外计算温度：—19℃。

供暖冬季室内计算温度：卧室 18℃；厨房 16℃；浴室 18℃；客厅 16℃；

（2）供暖热媒采用 95～70℃热水。

（3）建筑物的热负荷和压力损失分别为：$Q=21.8\text{kW}$，$H=5.70\text{kPa}$。

（4）散热器选用 760 型散热器，落地安装，供暖方式为水平串联式。

（5）供暖管道采用水煤气输送钢管，管道公称直径不大于 32mm，采用螺纹连接，管道公称直径大于 32mm，采用焊接，阀件处可采用法兰连接，阀门采用闸阀。

（6）管道穿墙、穿楼板时，均设镀锌铁皮套管或钢管套管。

（7）明装的采暖管道、散热器及支架，除锈后，均刷防锈漆一遍、银粉两遍，安装在地沟内。楼梯间及不采暖房间的采暖管道，除锈后，刷防锈漆两遍，然后采用矿棉进行保温。

（8）采暖系统应做水压试验，其试验压力为 0.60MPa，5min 内，压力降不大于 0.02MPa 为合格。

（9）散热器组装后，应做水压试验，其试验压力为 0.60MPa，3min 不渗漏为合格。

（10）管道支架最大间距见下表：

公称直径 DN（mm）		15	20	25	32	40	50	70	80	100	125	150
支架最大间距	保温管	1.5	2	2	2.5	3	3	4	4	4.5	5	6
	不保温管	2.5	3	3.5	4	4.5	5	6	6	6.5	7	8

（11）未尽事宜，按《采暖与卫生工程施工及验收规范》及国家标准图集的有关规定执行。

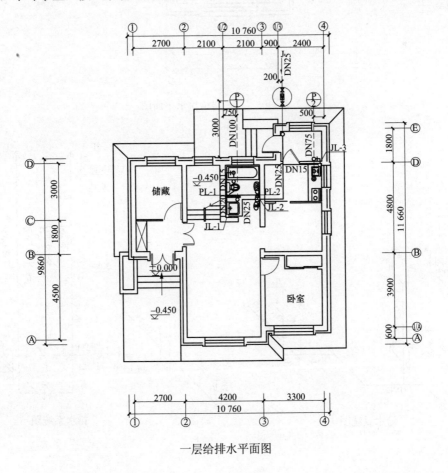

一层给排水平面图

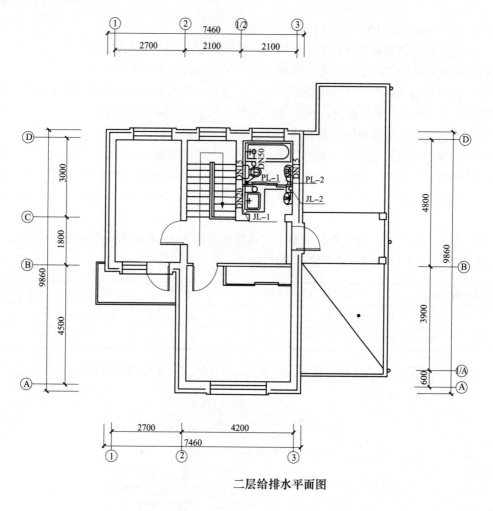

二层给排水平面图

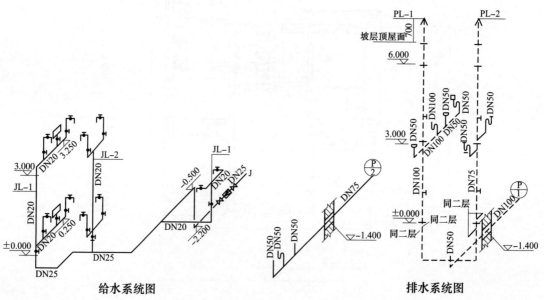

给水系统图　　　　　排水系统图

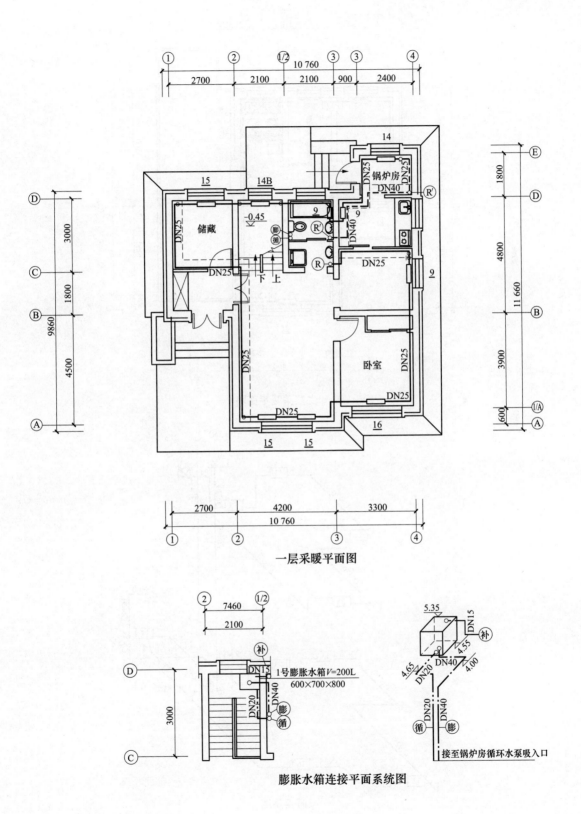

一层采暖平面图

膨胀水箱连接平面系统图

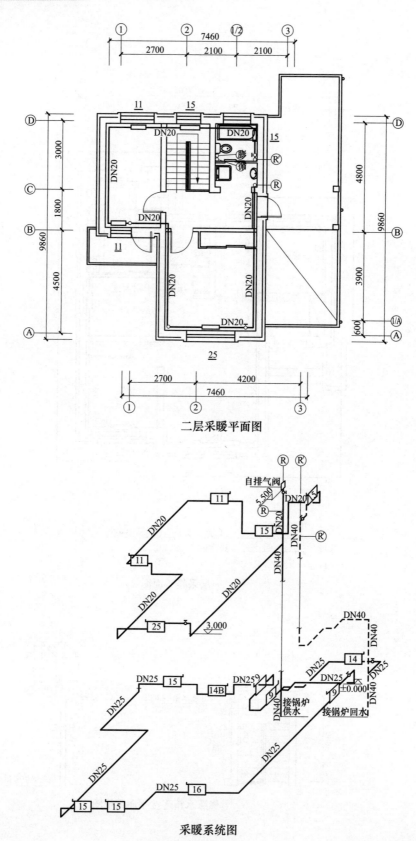

二层采暖平面图

采暖系统图

电气设计说明：

（1）本工程电源单相进户线架空引入，架空高度为 3.0m，电压为 220V，采用 TN-C-S 接地系统，在入户处做重复接地，接地电阻不大于 10W，插座设 PE 专用线。PE 线与 N 线互相绝缘，不应混接。进户线保护采用钢管，伸出墙外 150mm，距支撑物 250mm，并应做防水处理。

（2）配电箱底边距地 1.6m，采用墙内暗敷设，开洞尺寸按箱体实际尺寸预留，施工时，请土建专业配合施工。

（3）导线沿墙，现浇层暗敷设时，穿刚性阻燃 PVC 管；沿板孔暗敷设时，穿阻燃波纹管；沿地面暗敷设时，穿镀锌钢管。室内配电线路插座与照明回路分开，照明线路采用 BV-500V，$2 \times 2.5 mm^2$，P20；插座线路采用 BV-500V，$3 \times 4 mm^2$，地面暗敷时采用 S20，其余采用 P20。

（4）墙壁开关安装高度中心距地 1.4m，普通插座中心距地 0.3m，排油烟机、卫生间、锅炉房插座中心距地 2.0m，冰箱、洗衣机插座中心距地 1.4m，灯具安装高度由甲方自定。

（5）本工程电话、有线电视均从入户处做起，进户采用架空方式，架空高度 3.0m，电话分线盒、有线前端箱底边距地 0.5m，电话用户盒、有线电视用户接收终端盒中心距地 0.3m，室内电话支线采用 $RVB-2 \times 0.3 mm^2$ 导线，地面暗敷采用 S15，其余采用 P16，室内电视、电缆采用 SYKV-75-5 同轴电缆，地面暗敷采用 S20，其余采用 P20。

（6）其他未尽事宜参照电气施工安装工程的有关规定执行。

设 计 图 例

序号	图例	名称	型号及规格	备注
1	→▷	电缆进户线	见系统图	
2	▬	电表箱	见系统图	
3	◤◥	有线电视前端箱		
4	◣◢	电话交接箱		
5	⊢⊣	单管荧光灯	1×40W	
6	⊗	大花灯	6×40W	
7	⊗	小花灯	4×40W	
8	⊗	防水圆球吸顶灯	1×40W	
9	○	白炽灯	1×40W	
10	○	吸顶灯	1×40W	
11	⊡	接线盒	墙内暗设	
12	⊗	防水、防尘灯	1×1.0W	
13	↗	暗装单极开关	250V、10A	
14	↗	暗装双极开关	250V、10A	
15	↗	暗装三极开关	250V 10A	

续表

序号	图例	名称	型号及规格	备注
16		暗装单相双控开关	250V　10A	
17		暗装单相二、三级插座	250V　16A	安全型
18		暗装单相三级插座	250V　16A	冰箱、洗衣机插座 （防水、防溅安全型）
19		暗装单相三级插座	250V　16A	排油烟机、卫生间插座 （防水、防溅安全型）
20		防爆单相插座	250V　16A	锅炉间插座
21		有线电视用户出线盒		
22		电话用户出线盒		
23		配电线路		
24		板孔暗配线		
25	—V—	有线电视线路		
26	—F—	电话线路		
27		接地装置	∠50×50×4	−40×4，−25×4
28	Ⓑ	壁灯	1×40W	安装高度中心距地 1.8m

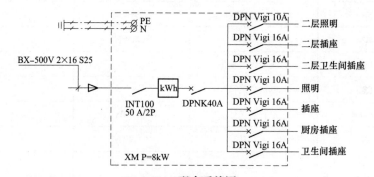

配电系统图

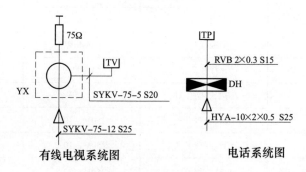

有线电视系统图　　　　电话系统图

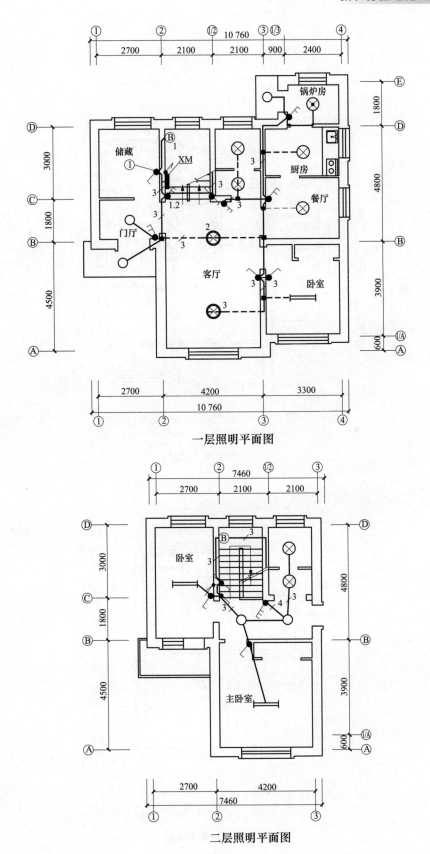

一层照明平面图

二层照明平面图

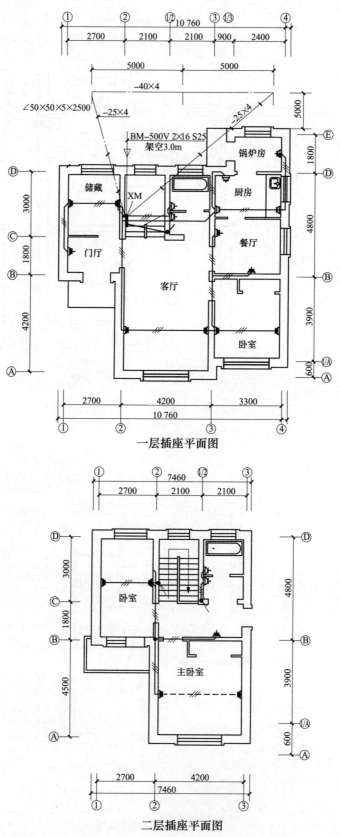

一层插座平面图

二层插座平面图

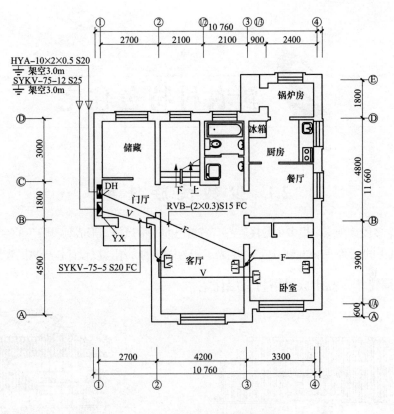

一层电话、电视平面图

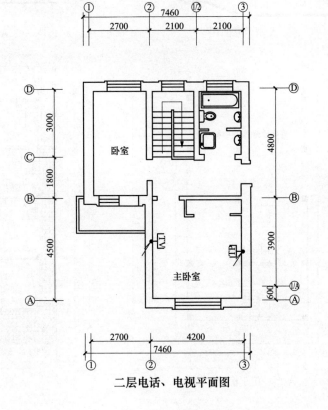

二层电话、电视平面图

2 新农村特色住宅

2.1 少数民族住宅

我国是个多民族国家，很多少数民族都有着自己的民情风俗，形成独具特色的乡土文化。这里介绍的仅是其中的三例，并对高山族的住宅做了较为详细的介绍，以设计作少数民族住宅时参考。

2.1.1 福建华安高山族民俗村三层住宅

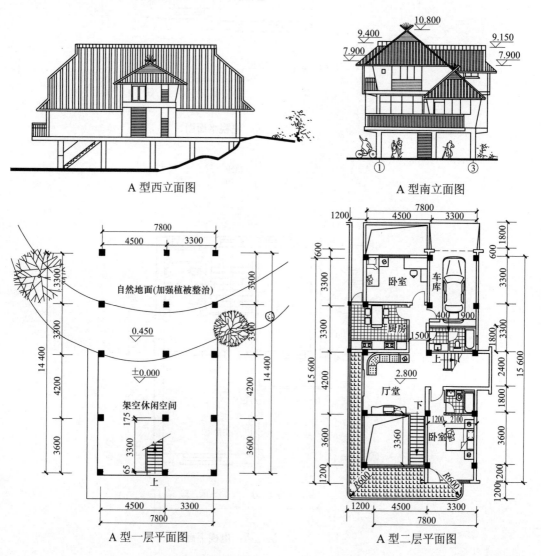

A型西立面图

A型南立面图

A型一层平面图

A型二层平面图

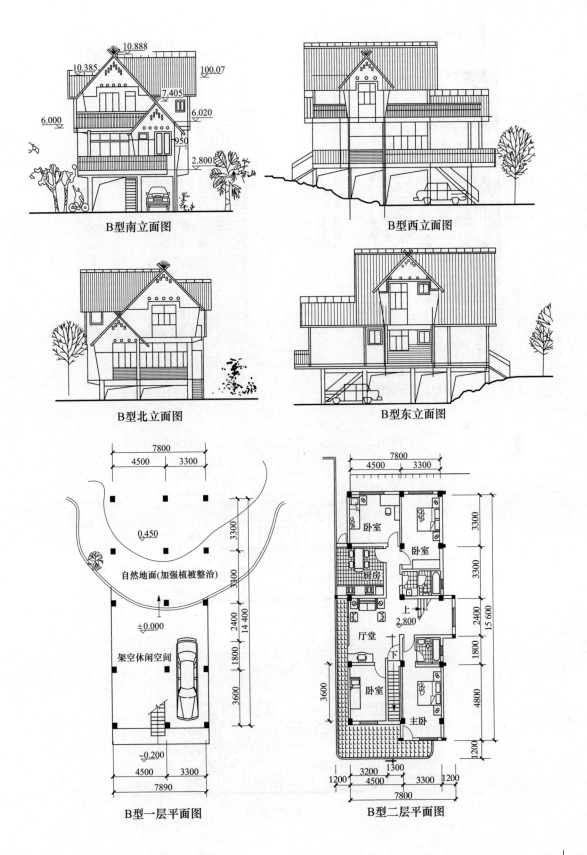

B型南立面图

B型西立面图

B型北立面图

B型东立面图

B型一层平面图

B型二层平面图

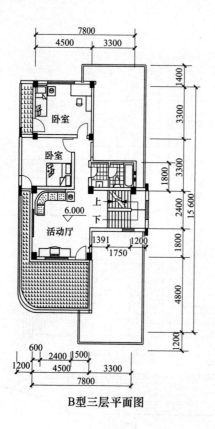

B型三层平面图

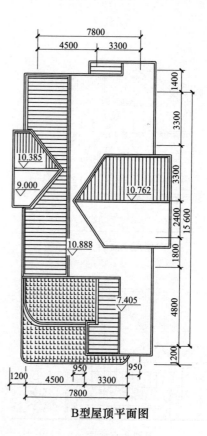

B型屋顶平面图

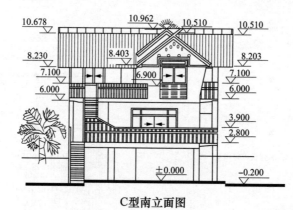

C型南立面图

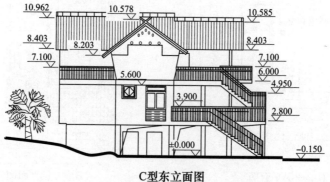

C型东立面图

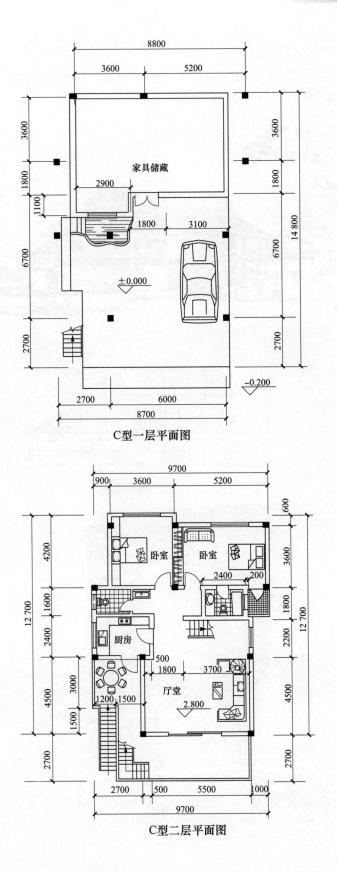

C型一层平面图

C型二层平面图

2.1.2　瑞丽傣族二层住宅（摘自《城镇小康住宅设计图集二》）

　　方案特点：本方案为云南省德宏傣族景颇族自治州瑞丽市傣族住宅，是典型的底层架空干栏式建筑。功能合理，造型别致，颇具特色。

透视图

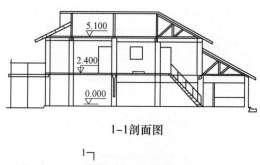

1-1剖面图

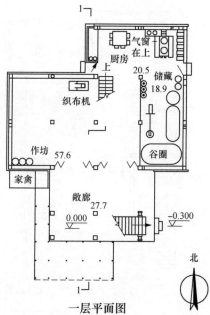

一层平面图

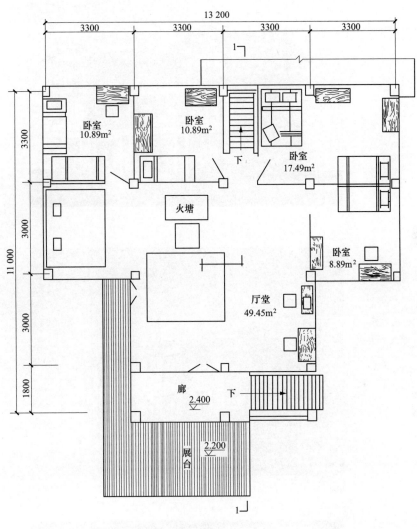

二层平面图

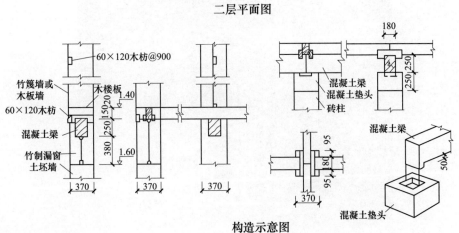

构造示意图

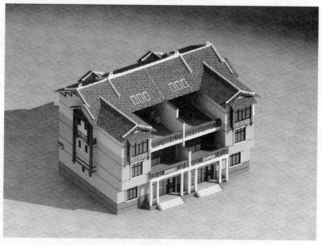

立面图 (户型甲：占地面积 105m², 建筑面积 287m²)

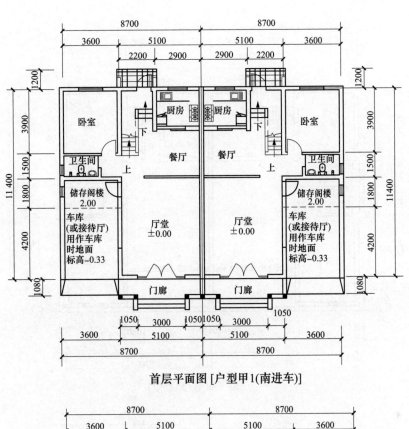

首层平面图 [户型甲1(南进车)]

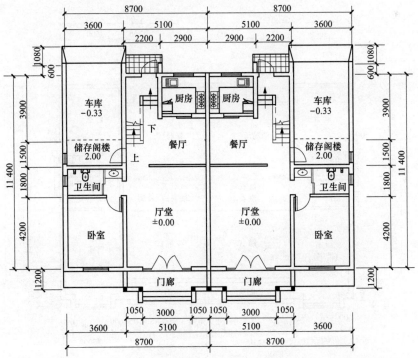

首层平面图 [户型甲2(北进车)]

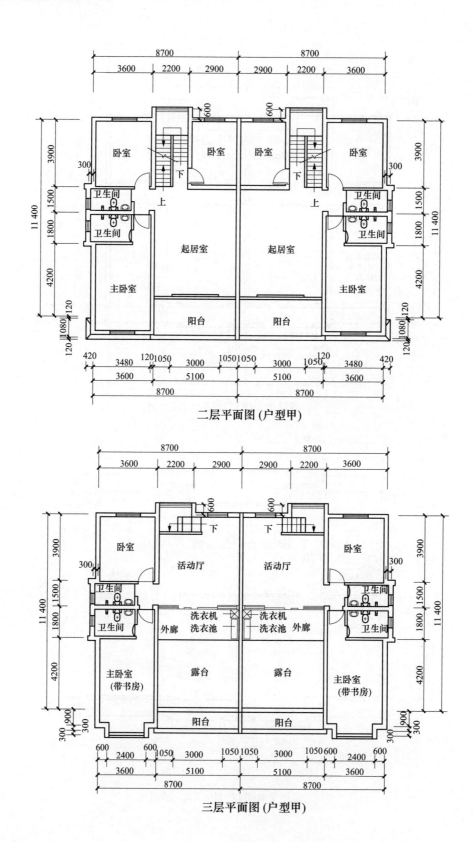

二层平面图 (户型甲)

三层平面图 (户型甲)

立面图（户型乙：占地面积 105m^2，建筑面积 287m^2）

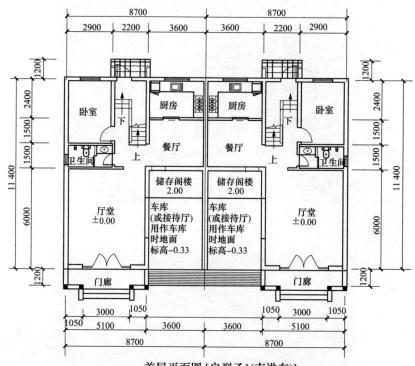

首层平面图 [户型乙1(南进车)]

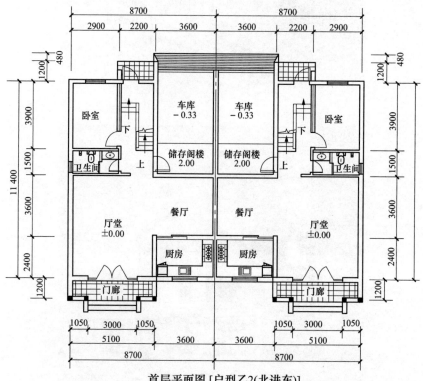

首层平面图 [户型乙2(北进车)]

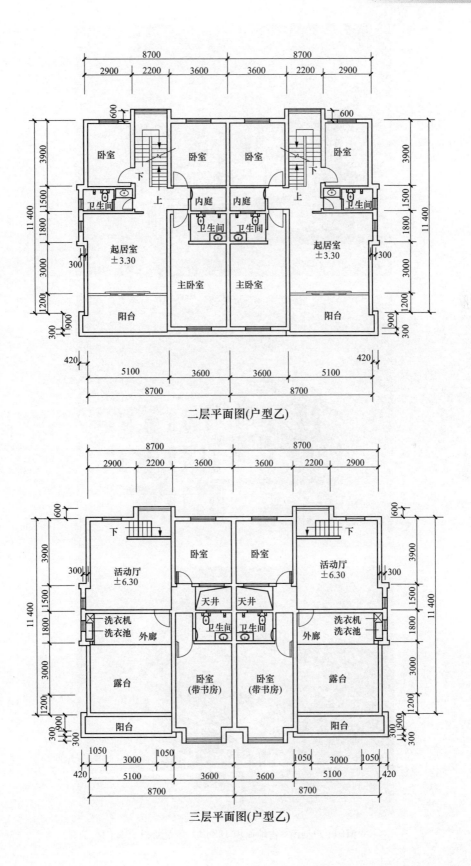

二层平面图(户型乙)

三层平面图(户型乙)

立面图（户型丙：占地面积 108m^2，建筑面积 306m^2）

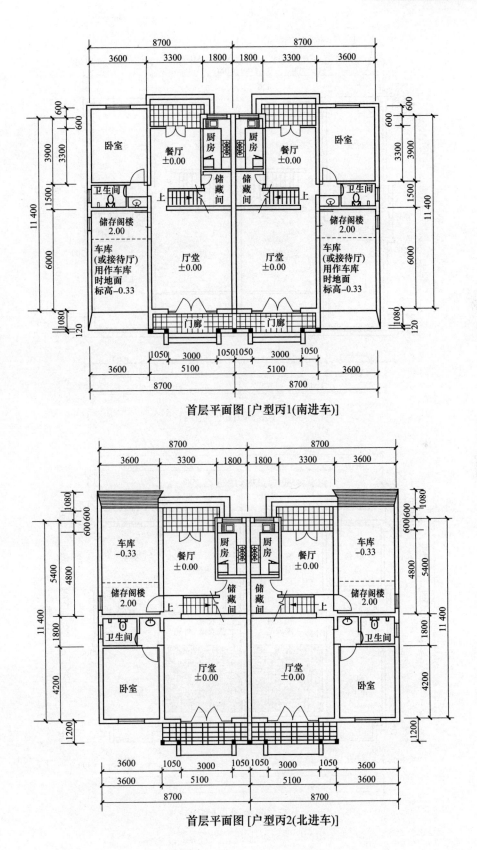

首层平面图 [户型丙1(南进车)]

首层平面图 [户型丙2(北进车)]

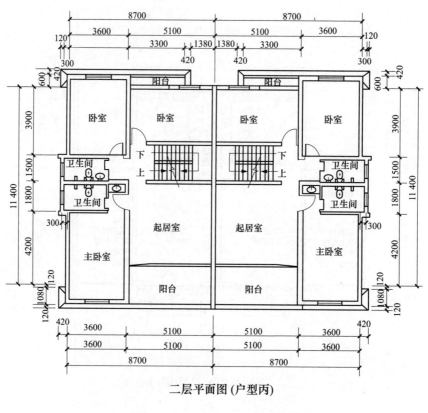

二层平面图(户型丙)

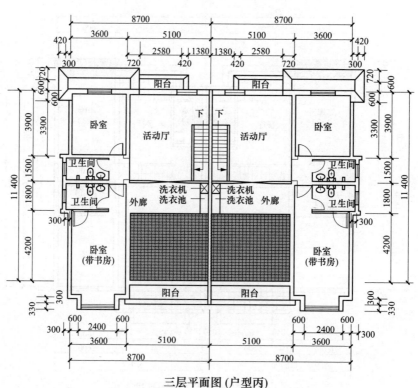

三层平面图(户型丙)

立面图（户型丁：占地面积 108m^2，建筑面积 306m^2）

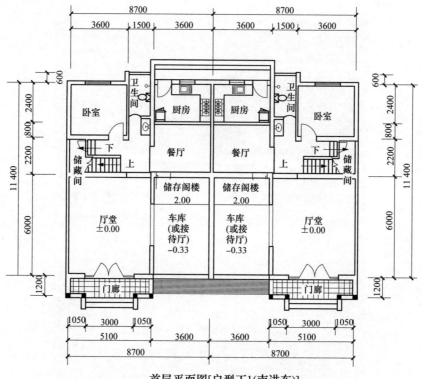

首层平面图[户型丁1(南进车)]

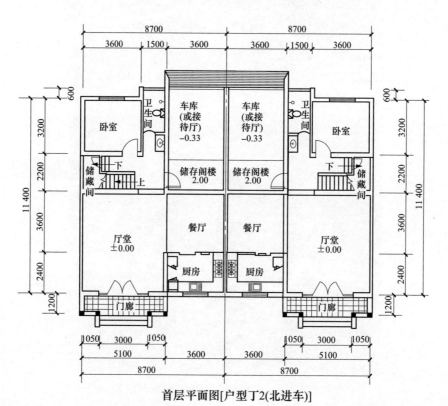

首层平面图[户型丁2(北进车)]

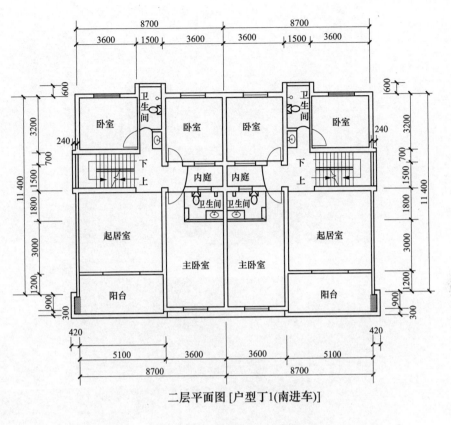

二层平面图 [户型丁1(南进车)]

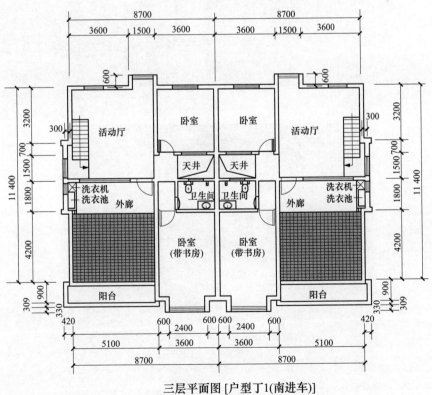

三层平面图 [户型丁1(南进车)]

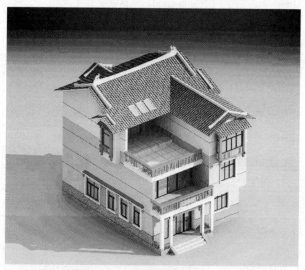

立面图 (户型戊：占地面积 105m^2，建筑面积 287m^2)

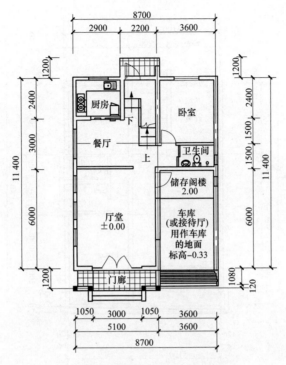

首层平面图 [户型戊1(南进车)]

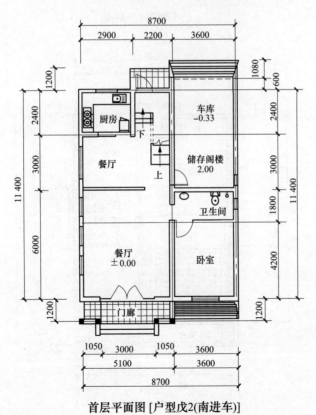

首层平面图 [户型戊2(南进车)]

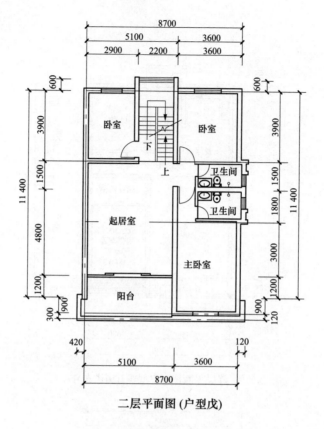

二层平面图(户型戊)

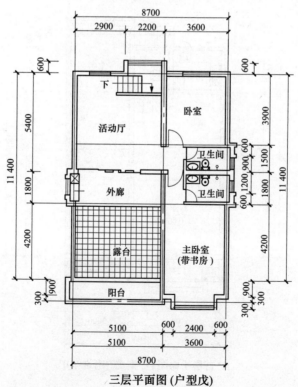

三层平面图(户型戊)

立面图 (户型己: 占地面积 105m², 建筑面积 287m²)

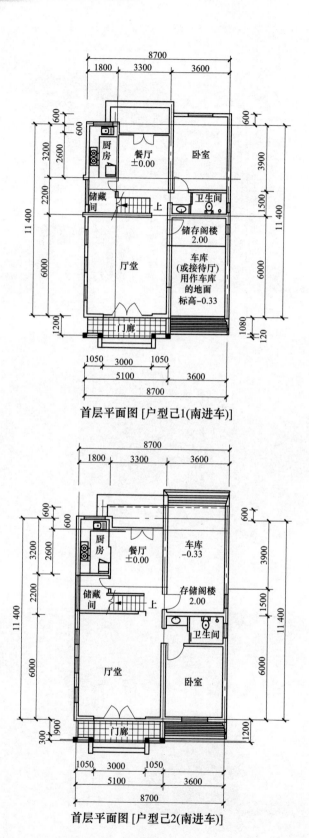

首层平面图 [户型己1(南进车)]

首层平面图 [户型己2(南进车)]

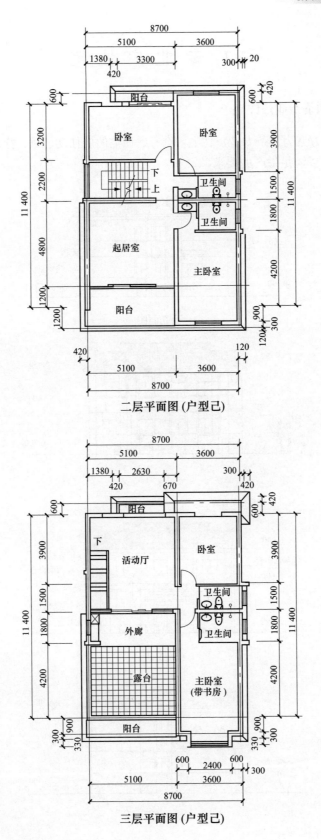

二层平面图 (户型己)

三层平面图 (户型己)

2.2 专业户住宅

2.2.1 二层制茶专业户住宅

方案特点：本方案为制茶专业户住宅，除考虑住宅的居住功能外，特为制茶设置了工场、仓库和晾晒场所，以满足生产的要求。

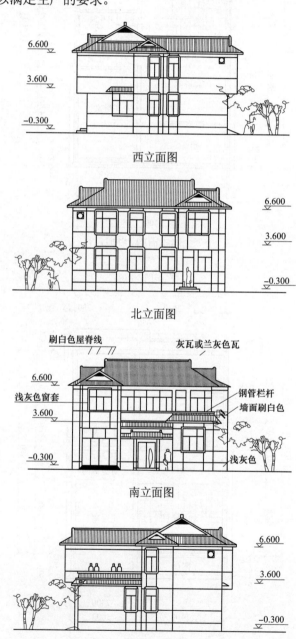

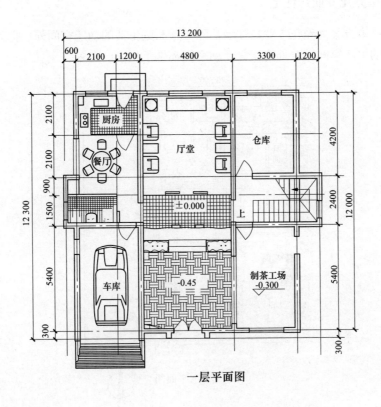

一层平面图

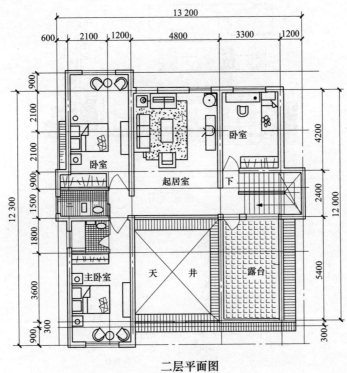

二层平面图

2.2.2　二层养花专业户住宅

方案特点：本方案为养花专业户住宅，除布置家庭生活的功能空间外，把养花所需的场所和特殊要求的生产空间、对外洽谈等活动空间都做了相应的布置。

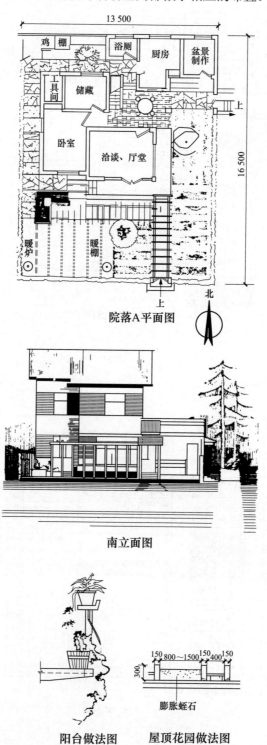

院落A平面图

南立面图

膨胀蛭石

阳台做法图　　屋顶花园做法图

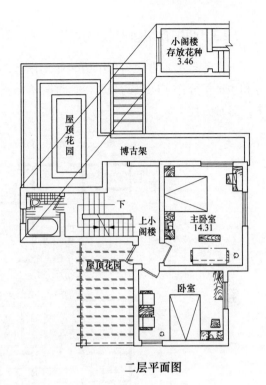

二层平面图

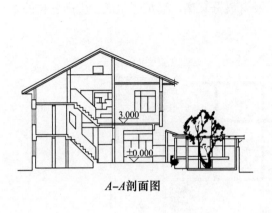

A-A剖面图

一层平面图

生产、生活循环示意图

2.2.3 两层食用菌专业户住宅

方案特点：本方案为食用菌专业户住宅，为了避免生产对生活的干扰，特将居住生活部分和生产部分作了明确的分区，通过院落布置，使其既分又离，满足了生活、生产各自的要求，管理方便。

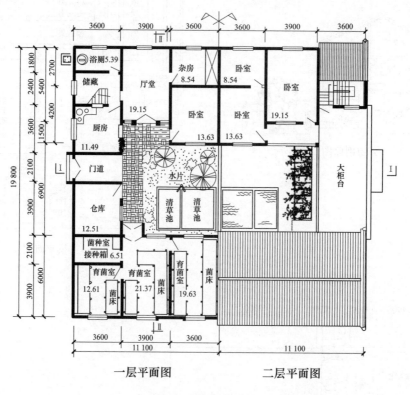

一层平面图　　　　　二层平面图

I-I 剖面图

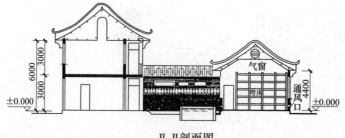

II-II 剖面图

西立面图

透视图

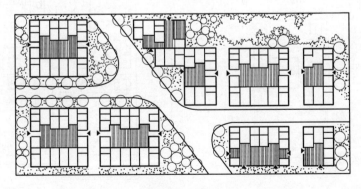

群体组合示意图

2.3 两代居住宅

2.3.1 两代居住宅（一）（设计：连云港市建筑设计研究院 屈雪娇 仰君华）

方案特点：

（1）本方案在设计上充分考虑了当代人的生活方式，将相互尊重这一思想体现在设计中。根据老人的特点，将一层作为老人的居住空间，设单独出入口、单独厨卫；二层作为年轻一代的居住空间，也设单独出入口、单独厨卫。同时，又通过一部室内楼梯将一层、二层连接，这样形成两部分既独立又紧密联系的布局，充分体现了敬老、爱老、护老这一主题，同时尊重了两代人互不相同的生活方式，在功能布局上利用了较人性化的处理手法，充分体现"两代居"的特点。

（2）方案在庭院布局上形成前后独立的前院与后院，前院做生活庭院布置，后院做杂物院布置并设计有沼气池，形成良好的使用功能；两种方案都考虑村镇建设用地实际，建筑结合庭院形成矩形用地，使方案组合起来更加灵活，既可做独立布置，又可做联排布置。

（3）方案设计充分考虑村镇居民的劳动副业问题，在机具库上部布置家庭小作房，为使用者创造更好的致富环境；同时在布局上又充分考虑作坊可能给居住空间带来的影响，利用楼梯间的休息平台做文章，既充分利用了空间，又将作坊与生活空间自然分开，同时提高了建筑的经济性。

（4）A、B 型方案在造型上，追求一种与大自然相互融合的当代民居风格，力求形式新颖、风格独特。A、B 型方案都属于小面积住宅，设计力求在小面积控制下形成良好的使用功能，为小康农家创造出更加实际、更加完美的居住条件。

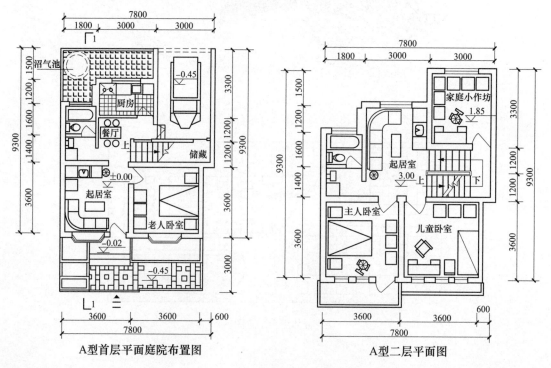

A型首层平面庭院布置图   A型二层平面图

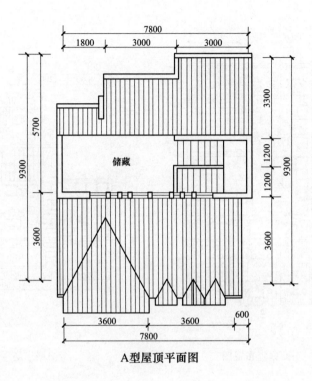

A型屋顶平面图

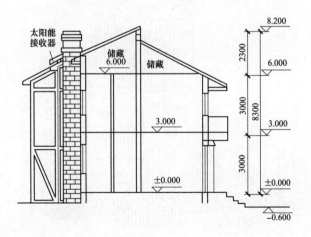

1-1剖面图

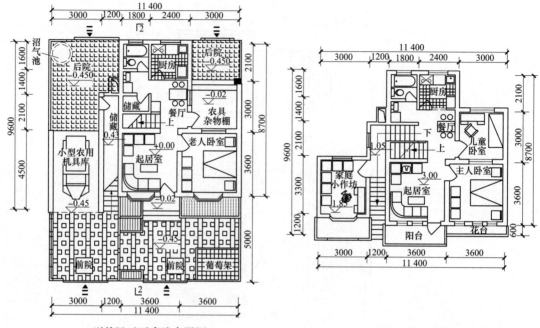

B型首层平面庭院布置图

B型二层平面图

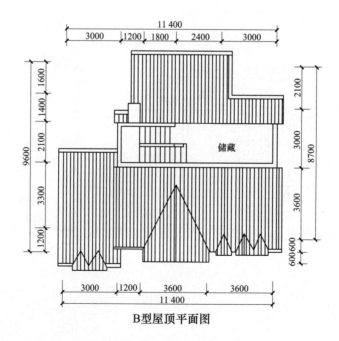

B型屋顶平面图

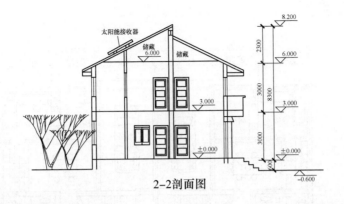

2–2剖面图

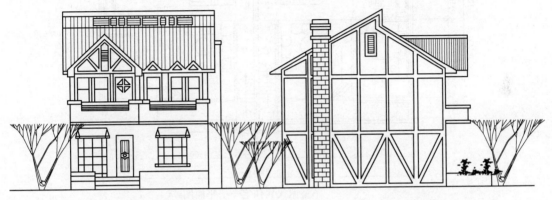

A型南立面图　　　　　　　　　　A型西立面图

B型南立面图　　　　　　　　　　B型西立面图

2.3.2　两代居住宅（二）

　　方案特点：本方案共有 A、B、C 三种类型。

　　A 型为共用一层的门廊。一层及二层的一半为老年代居住；二层的另一半及三层为年轻代居住。

　　B 型为共用一层的门廊。一层为老年代居住；二层为年轻代居住。

　　C 型为南、北分开入口。一层由南面入户，为老年代居住；二层由北面入户；二、三层为年轻代居住。

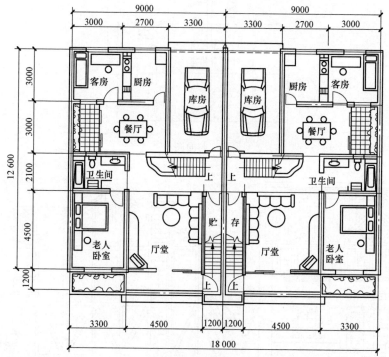

A型两代居住宅一层平面图(1)

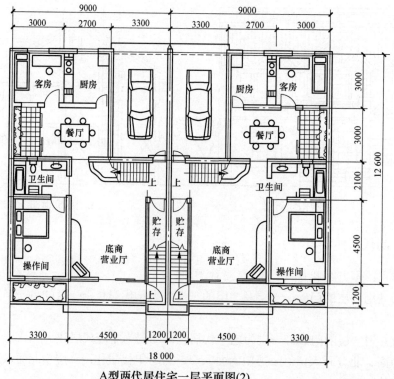

A型两代居住宅一层平面图(2)

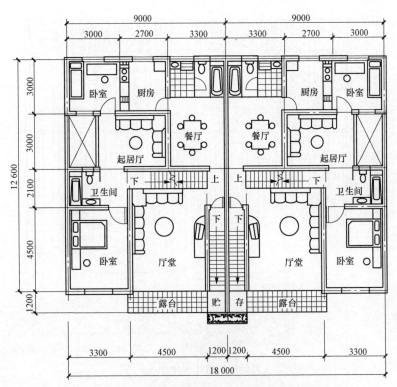

A型两代居住宅二层平面图

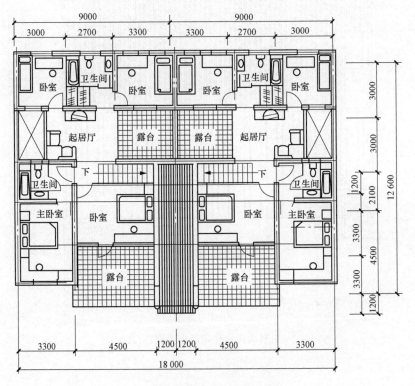

A型两代居住宅三层平面图

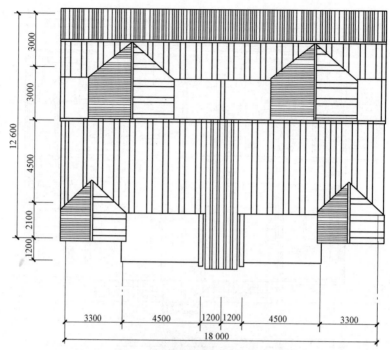

B型两代居住宅屋顶平面图(1)

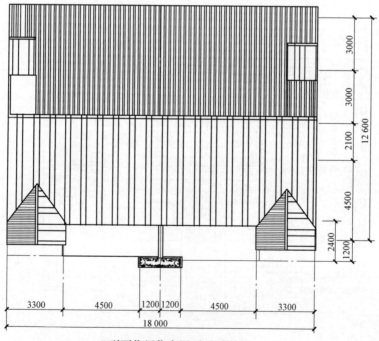

B型两代居住宅屋顶平面图(2)

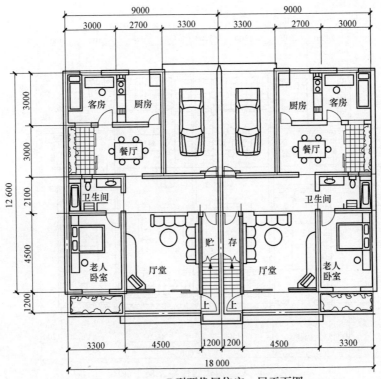

B型两代居住宅一层平面图

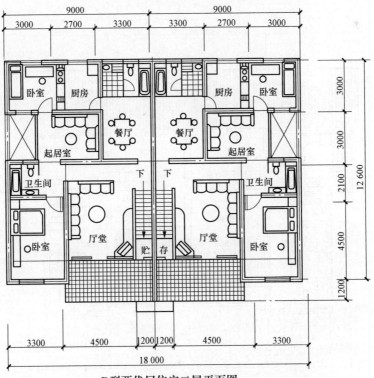

B型两代居住宅二层平面图

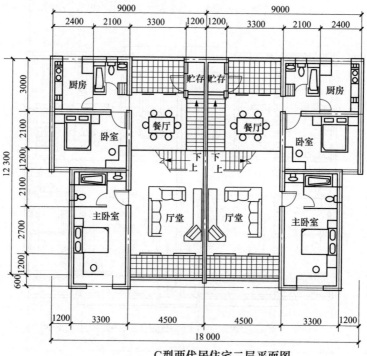

C型两代居住宅二层平面图

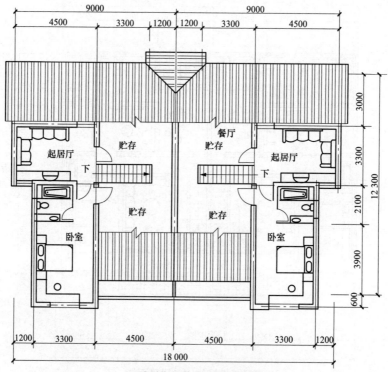

C型两代居住宅三层平面图

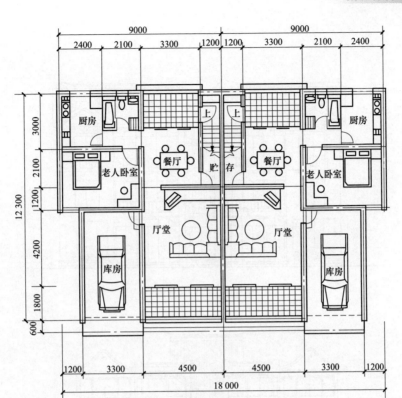

C型两代居住宅一层平面图(1)

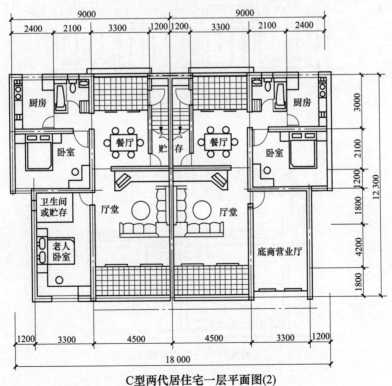

C型两代居住宅一层平面图(2)

两代居住宅正立面图(1)

两代居住宅正立面图(2)

两代居住宅侧立面图(1)

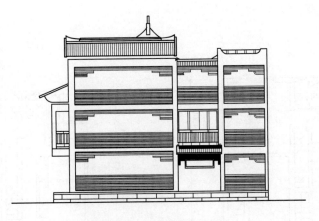

两代居住宅侧立面图（2）

2.3.3 两代居住宅（三）（设计：上海同济城市规划设计研究院）

方案特点：本方案为两代居住宅，共有 A、B 两种类型。

A 型均为南入口。一层居住老年代；二、三层居住年轻代。年轻代居住的二、三层既可与老年代共用一层厅堂进入，也可自侧面单独出入。

B 型分为南、北入口。一层为老年代居住；二、三层为年轻代居住，由北面共用门廊出入。

A 型两代居住宅南立面图

A 型两代居住宅北立面图

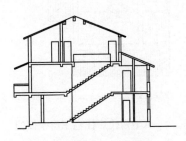

A 型两代居住宅剖面图

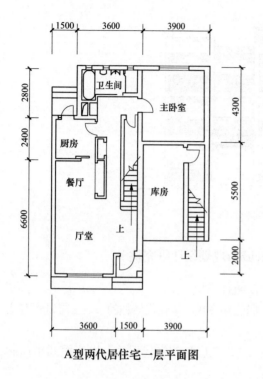

A型两代居住宅一层平面图

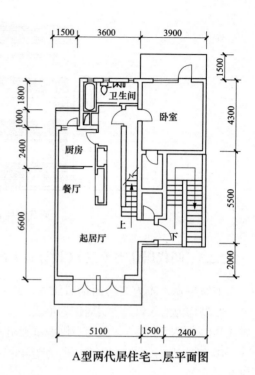

A型两代居住宅二层平面图

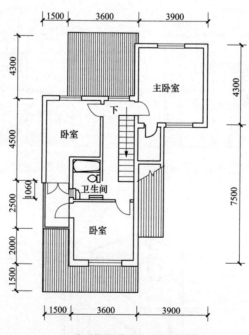

A型两代居住宅三层平面图

B型两代居住宅南立面图

B型两代居住宅北立面图

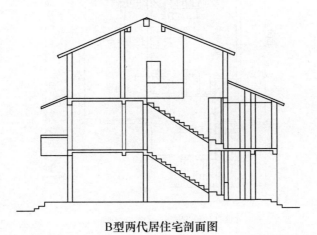

B型两代居住宅剖面图

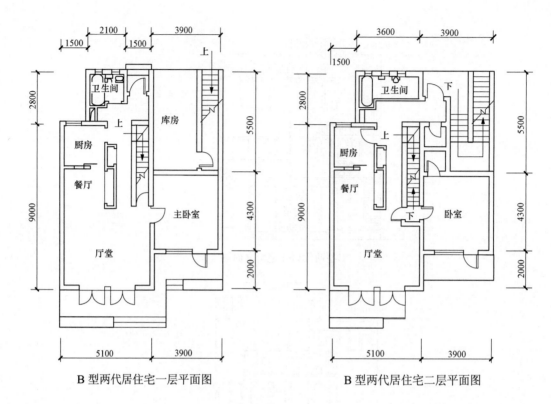

B 型两代居住宅一层平面图

B 型两代居住宅二层平面图

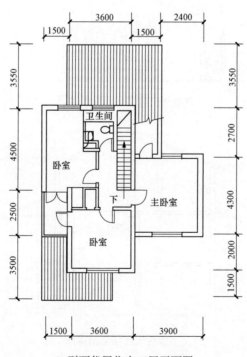

B 型两代居住宅三层平面图

2.3.4 肖家两兄弟住宅设计

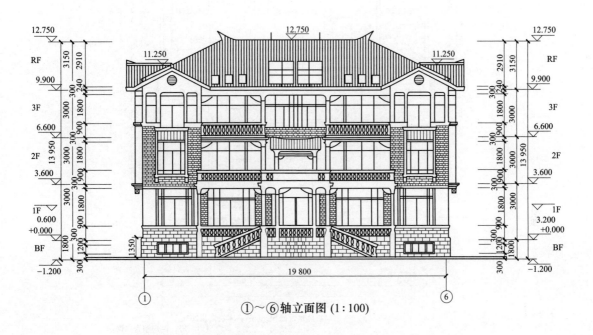

①～⑥轴立面图 (1:100)

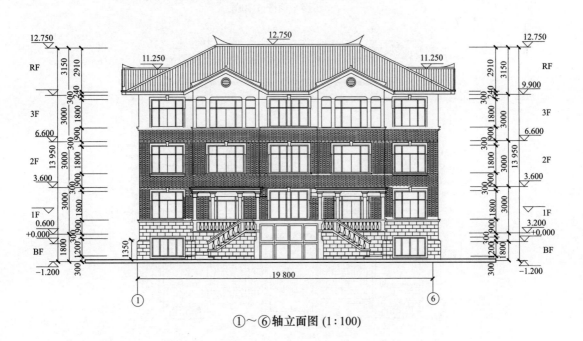

①～⑥轴立面图 (1:100)

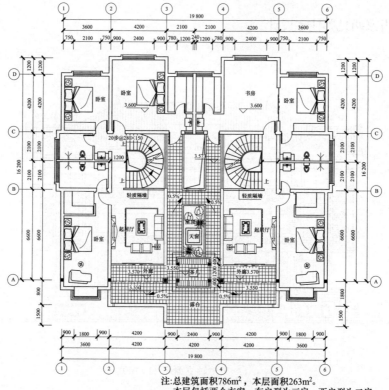

注:总建筑面积786m²，本层面积263m²。
本层包括两个方案，东户型为三房，西户型为二房。
注意做好上人屋面的隔热和保温，并注意标高设计。

二层平面图(1:100)

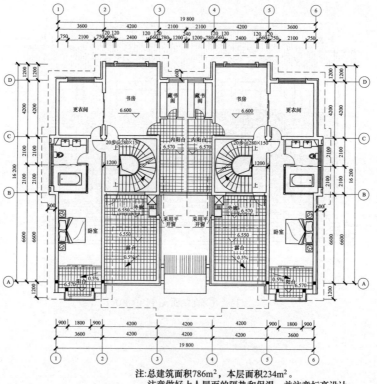

注:总建筑面积786m²，本层面积234m²。
注意做好上人屋面的隔热和保温，并注意标高设计。

三层平面图(1:100)

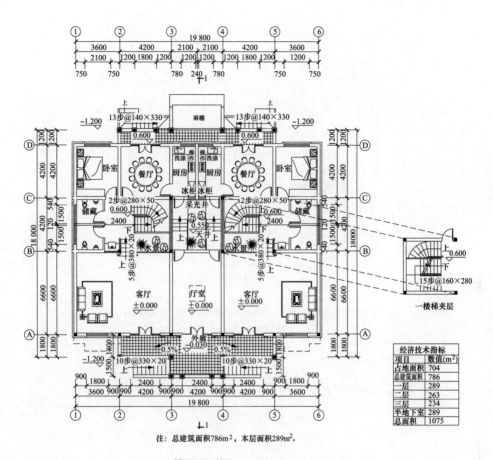

注：总建筑面积786m²，本层面积289m²。

首层平面图 (1:100)

经济技术指标	
项目	数值(m²)
占地面积	704
总建筑面积	786
一层	289
二层	263
三层	234
平地下室	289
总面积	1075

一楼梯夹层

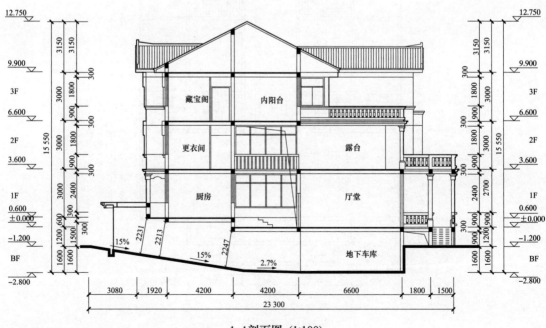

1-1剖面图 (1:100)

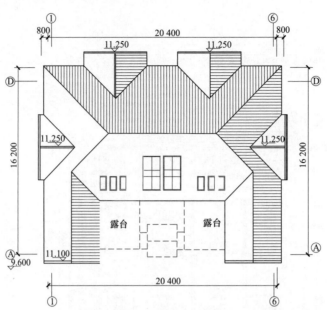

注: 屋顶采用自由放水，做好屋顶的腰热和保温，并注意标高设计。

屋顶平面图 (1:100)

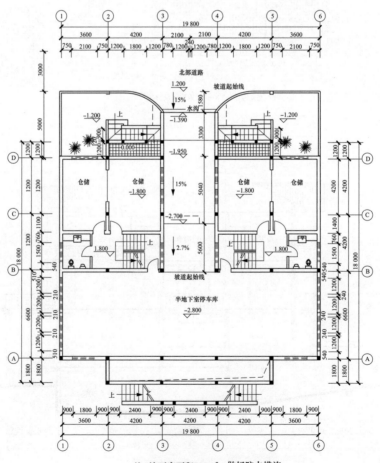

注: 地下室面积289m², 做好防水措施。

半地下室平面图 (1:100)

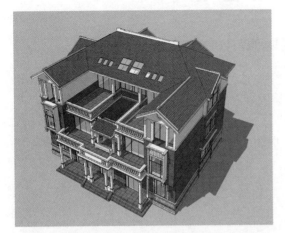

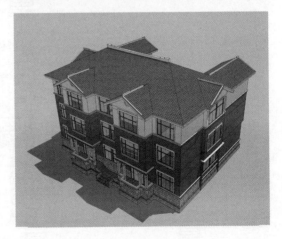

效果图

2.4 山坡地住宅

2.4.1 山坡地住宅（一）（设计：永嘉县规划设计研究院）

方案特点：

（1）功能齐全。各户型均有储藏、车库、饲养、农具等辅助用房，同时设有沼气池、太阳能集热板等节能设施。

（2）户型可变。根据住户家庭人口结构，可做以下 4 种户型变化而不改变主要结构：

A 型：六室三厅三卫（适宜三代同堂）。

B 型：五室三厅三卫（带门厅）。

C 型：五室三厅三卫（设大平台）。

D 型：四室三厅三卫（设大平台，带门厅）。

（3）组合灵活。可按用地条件和场地大小的实际情况，分别以单户独立式、两户联立式或四户、六户联排式进行总平面布置。而不影响采光通风。

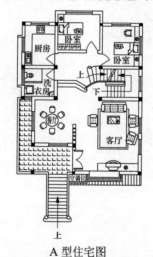

A 型住宅图

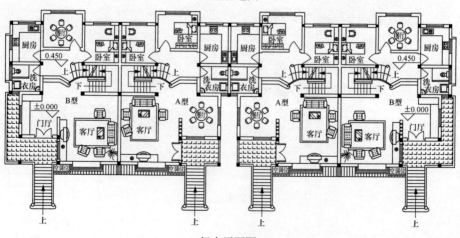

组合平面图

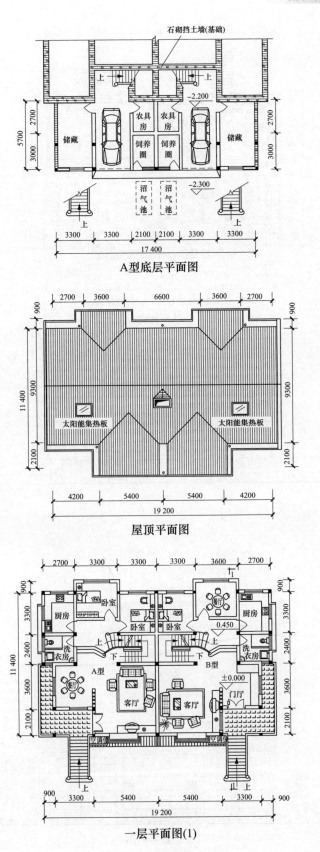

石砌挡土墙(基础)

A型底层平面图

屋顶平面图

太阳能集热板

一层平面图(1)

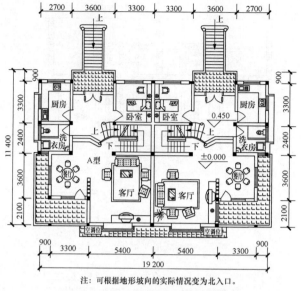

注：可根据地形坡向的实际情况变为北入口。

一层平面图(2)

正立面图

侧立面图

背立面图

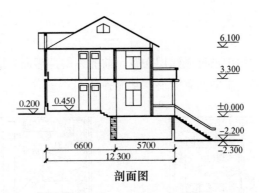

剖面图

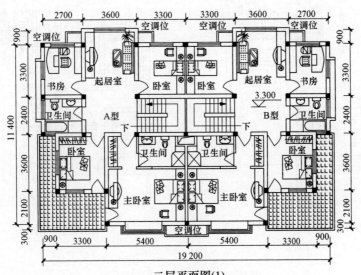

二层平面图(1)
(A户型建筑面积 224.8m² , B户型建筑面积 224.8m²)

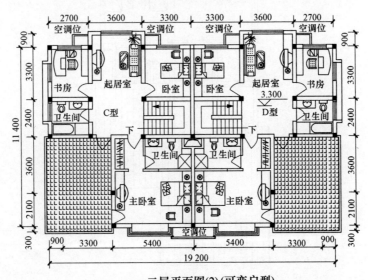

二层平面图(2)(可变户型)
(C户型建筑面积 204.4m² , D户型建筑面积 204.4m²)

2.4.2 山坡地住宅（二）

方案特点：本方案利用山坡地做错层布置，前面三层，后面二层，做到所有的功能空间均有直接对外的通风采光，平面布置紧凑，功能齐全。

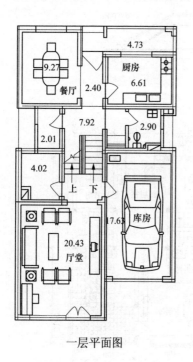

一层平面图

二层平面图

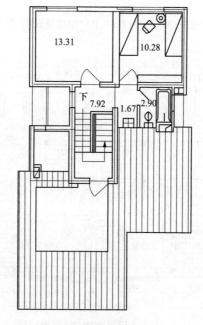

阁楼三层平面图

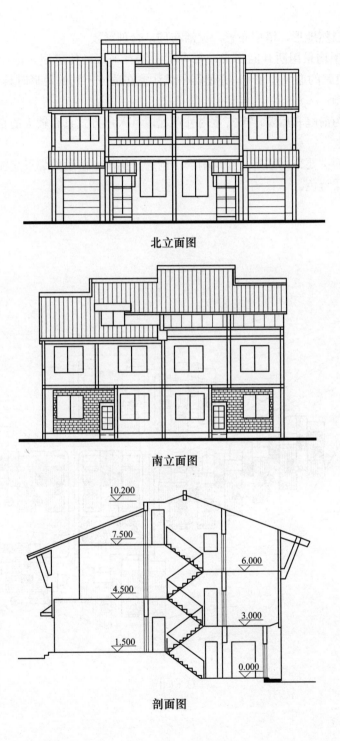

北立面图

南立面图

剖面图

2.4.3 山坡地住宅（三）（设计：温州市联合建筑设计院）

方案特点：

（1）平面沿自然地形，错层布置，灵活布局，合理紧凑。

（2）两种户型均采用两开间形式，每个层面均有平台，使户型无论在并排、错排、横排、竖排时均有良好的通风和采光，亦使得单体住宅在适应不同的地形时具有较好的适应性，充分利用土地资源。

（3）宅院分为前庭和后院，丰富室内外景观，且入户方式具有较大的自由度，有利于总体规划布局。

（4）组合平面主要采用联排式错落围合，创造了悠闲，舒适的邻里交往空间，体现出亲切朴素的地方民居特色。

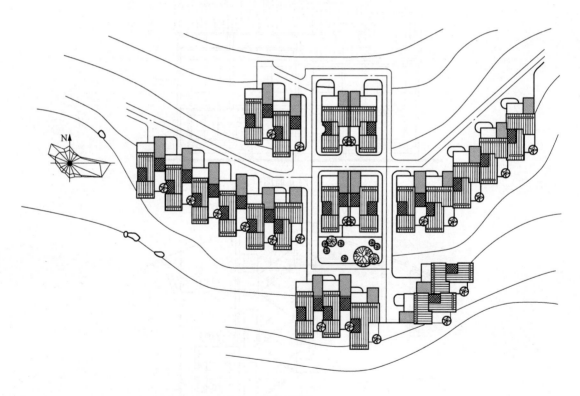

总平面图

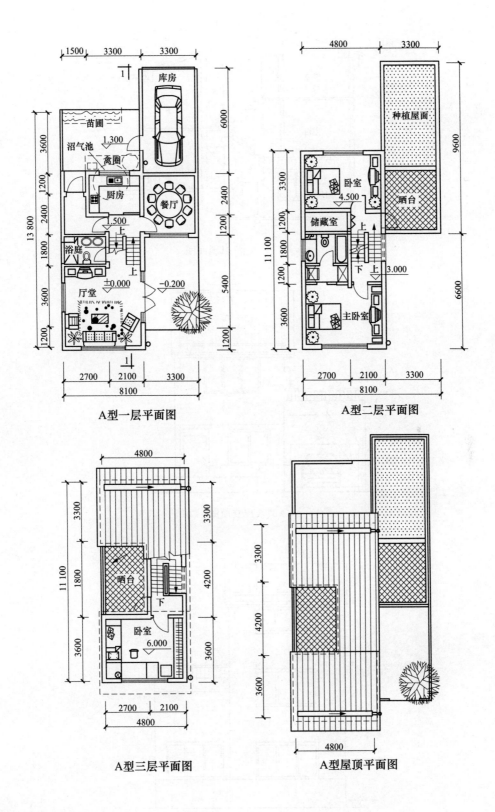

A型一层平面图

A型二层平面图

A型三层平面图

A型屋顶平面图

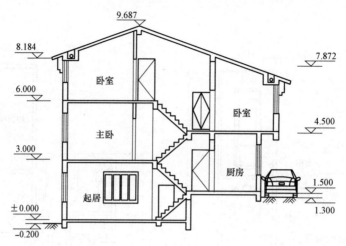

A型1-1剖面图

A型入户立面图

A型前侧立面图

A型右侧立面图

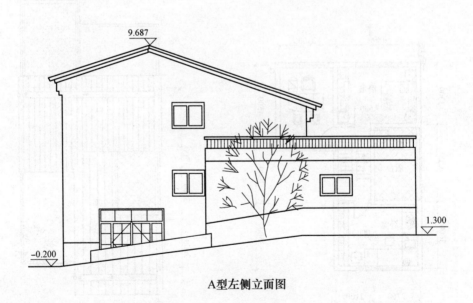

A型左侧立面图

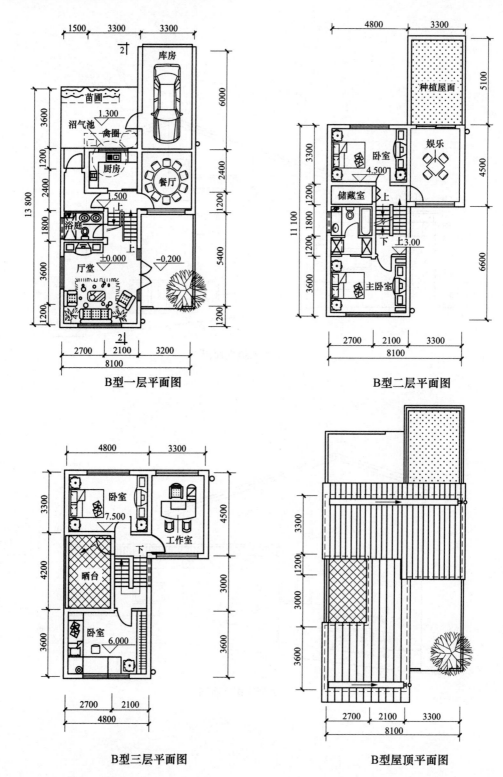

B型一层平面图

B型二层平面图

B型三层平面图

B型屋顶平面图

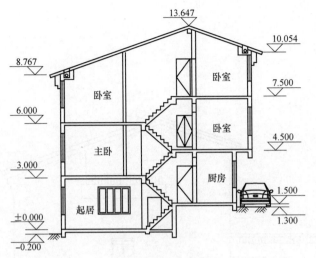

B型2-2剖面图

B型入口立面图

B型前侧立面图

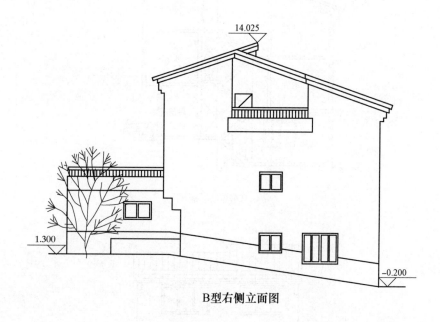

14.025

1.300

−0.200

B型右侧立面图

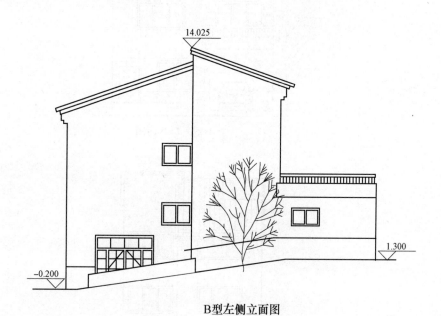

14.025

1.300

−0.200

B型左侧立面图

2.4.4 山坡地住宅（四）

方案特点：本方案利用山坡地做吊脚楼布置，入口设在坡上，下坡处设吊脚及大挑台，颇具地方风貌。平面功能布置合理，二层为安静的休息区，一层及底层即为活动区。

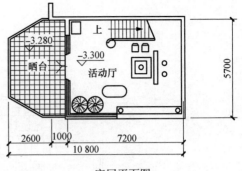

底层平面图

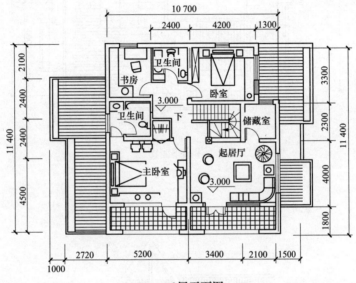

二层平面图

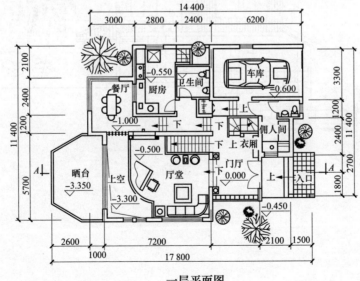

一层平面图

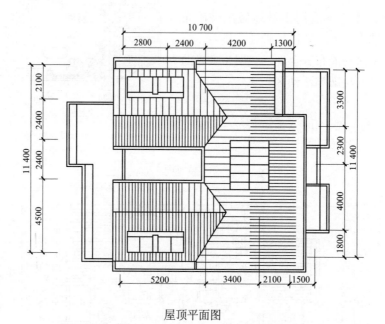

屋顶平面图

南立面图

透视图

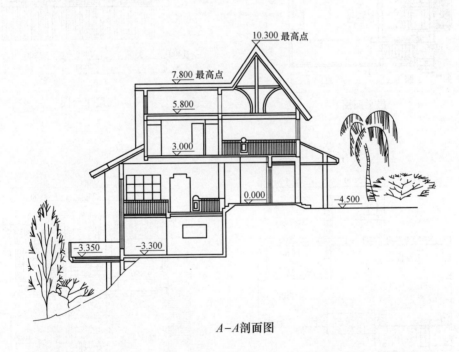

A-A剖面图

2.4.5 山坡地住宅（五）（设计：柳州市建筑设计研究院 沙土金等）

方案特点：本方案用于桂北农村山区，采用少数民族干栏民居的底层架空、宽廊、火塘、敞厅、垂直功能分区等传统做法；用错半层及户内户外双出入流线，通过楼梯及平台联系各层房间，使动与静、污与洁、公与私、内与外分区明确，联系方便；节约了户内交通面积。

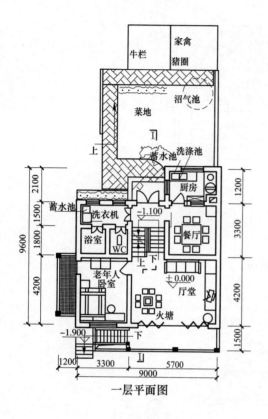

一层平面图

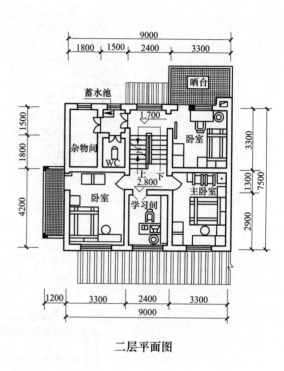

二层平面图

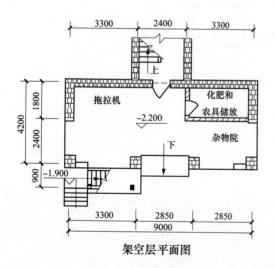

架空层平面图

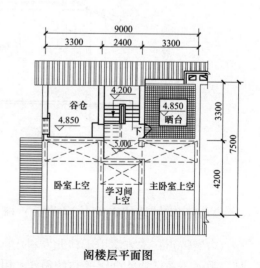

阁楼层平面图

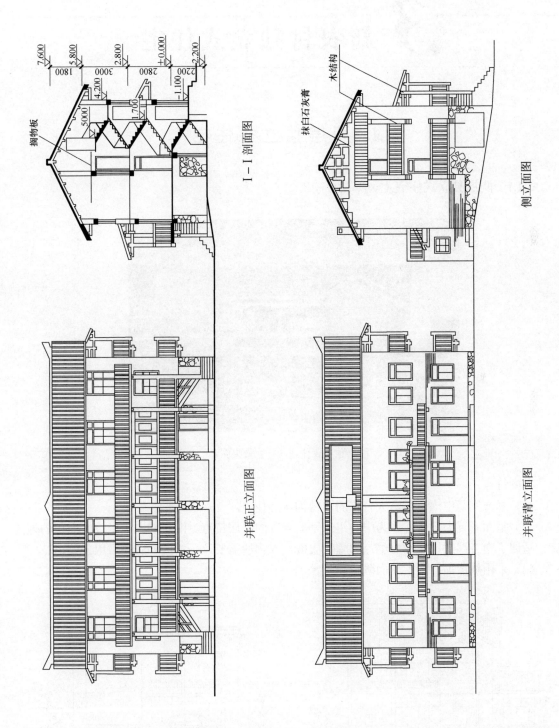

Ⅰ－Ⅰ剖面图

侧立面图

并联正立面图

并联背立面图

3 新农村独立式住宅

3.1 两层独立式住宅

3.1.1 两层独立式住宅（一）

两层独立式住宅（一）效果图

方案特点：

（1）本方案是中国与加拿大合作的木结构试点住宅。

（2）平面布置突出以客厅为中心组织平面布置的民居特点。两层均布置了较大面积的外廊，适应了南方湿热地区消夏纳凉和晾晒衣被、谷物的需要。一层的外廊还可用于停车。

（3）采用坡屋顶，利用屋面隔热和防水。

南立面图

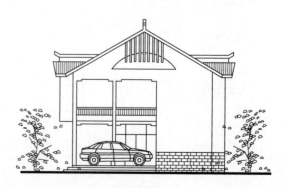

东立面图

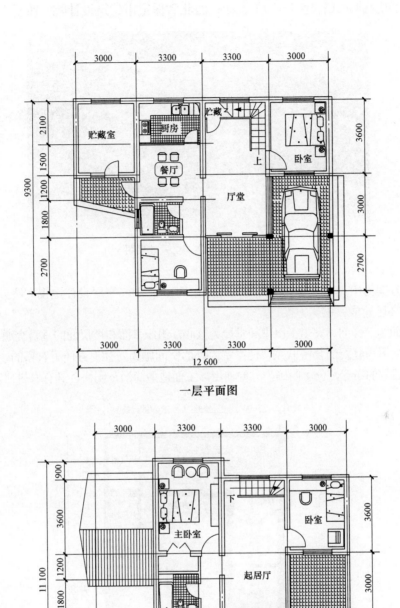

一层平面图

二层平面图

3.1.2 两层独立式住宅（二）（设计：河北省保定市建筑设计院 腾云）

两层独立式住宅（二）效果图

方案特点：

（1）本方案为中央电视台经济频道《点亮空间——2006家居设计电视大赛》河北清苑冉庄农村住宅（已建成）银奖方案。

（2）平面为三开间，突出了以中间堂屋为核心，组织平面和楼层间的垂直交通，平面紧凑，功能合理。堂屋与庭院的紧密联系，使得室内外的空间融为一体，方便了农家的生活和生产之需要。前、后院的布置，分工明确，方便使用。主面造型简洁、明快，具有农村住宅的特色。

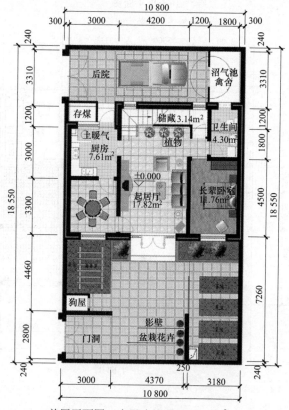

首层平面图（本层建筑面积83.88m²）

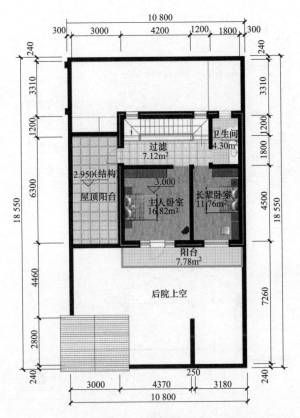

二层平面图（本层建筑面积 63.18m²）

儿童卧室示意图

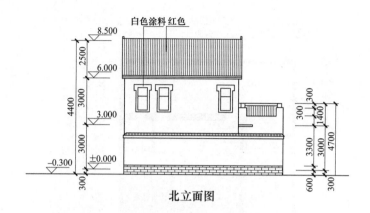

北立面图

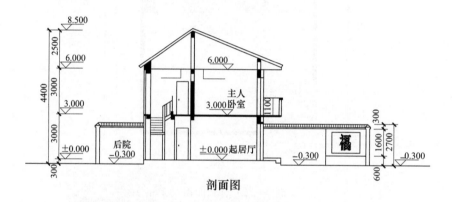

剖面图

主人卧室示意图

3.1.3 两层独立式住宅（三）（设计：富阳市建设局）

两层独立式住宅（三）效果图

　　方案特点：本方案为两层独立式住宅。带门厅的宽敞客厅与带有专门餐厅的家庭生活空间有一定分隔，做到动静分离。带阳台的卧室，使居住者获得较多的室外活动空间。采用带有大挑檐的四坡顶和双坡顶相结合，为二层的卧室起到较好的遮阳和避雨作用。立面造型富有变化。

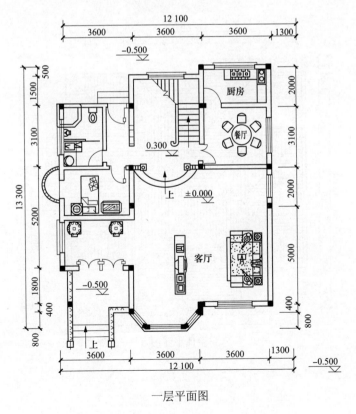

一层平面图

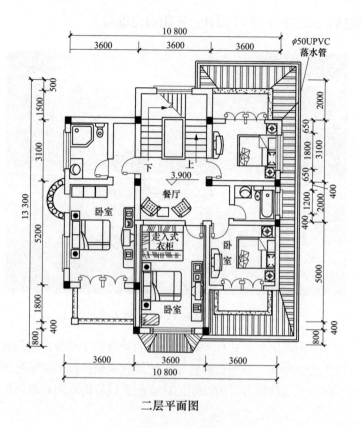

二层平面图

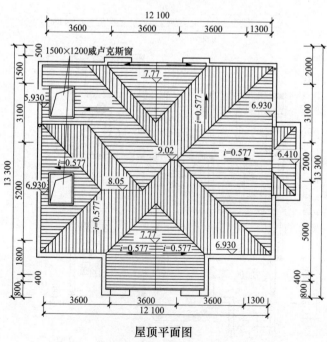

屋顶平面图

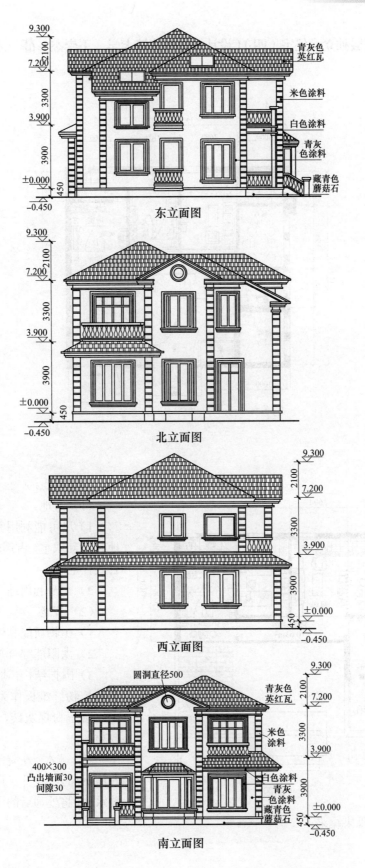

东立面图

北立面图

西立面图

南立面图

3.1.4　两层独立式住宅（四）（设计：山东建筑大学　王崇杰　薛一冰　王艳　张蓓　管振忠）

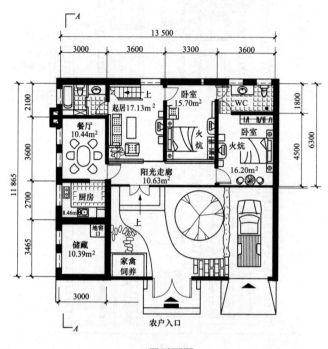

一层平面图

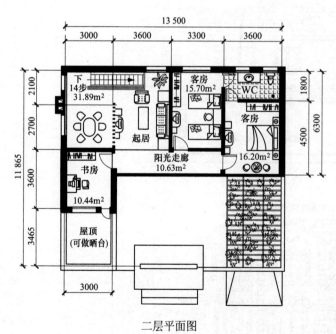

二层平面图

方案特点：

（1）节地。

1）尽可能利用荒地、劣地、坡地建设新农宅，占用耕地少；发展集合式住宅。

2）充分利用地下空间。

（2）节能。

1）生物质能利用。

2）太阳能综合热利用。

3）围护结构：墙体和屋顶使用水泥植物纤维板作为保温层，墙体采用蒸压粉煤灰砖，所有原料就地取材。

（3）节水：在院落内靠近建筑物的地下部分，设计了用于雨水收集的蓄水池，将处理后的水用于冲洗农用车、浇灌院内瓜果蔬菜。

A-A 剖面图

3.1.5　两层独立式住宅（五）（设计：江西丰城市城建局　罗桂英　陈珺）

两层独立式住宅（五）实景图

方案特点：

（1）本方案为中央电视台经济频道《点亮空间——2006家居设计电视大赛》江西省南昌市罗亭镇农村住宅（已建成）金奖方案。

（2）平面布局突出了厅堂和起居室的作用，在二层布置了带有晒台的大阳台，弘扬了南方传统民居的布局特点，适应南方湿热地区居住环境要求。

（3）建筑材料除采用多孔砖墙体和钢筋混凝土楼板外，就地取材地采用了杉木作为层面结构和室内装修材料，并以竹为吊顶材料，既降低了造价，又方便施工，缩短了工期。

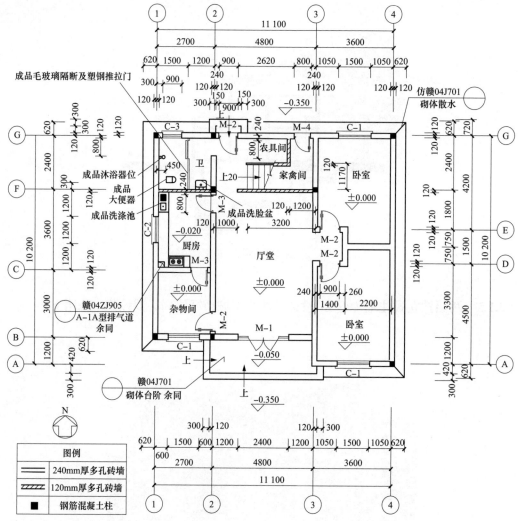

成品毛玻璃隔断及塑钢推拉门

成品沐浴器位

成品大便器

成品洗涤池

赣04ZJ905
A-1A型排气道
余同

成品洗脸盆

仿赣04J701
砌体散水

赣04J701
砌体台阶 余同

图例

▭	240mm厚多孔砖墙
▨	120mm厚多孔砖墙
■	钢筋混凝土柱

注:未标注门垛宽120mm。

首层平面图 (1:100)

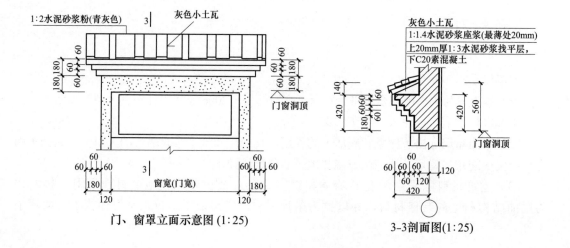

1:2水泥砂浆粉(青灰色)

灰色小土瓦

门窗洞顶

窗宽(门宽)

门、窗罩立面示意图 (1:25)

灰色小土瓦
1:1.4水泥砂浆座浆(最薄处20mm)
上20mm厚1:3水泥砂浆找平层,
下C20素混凝土

门窗洞顶

3-3剖面图(1:25)

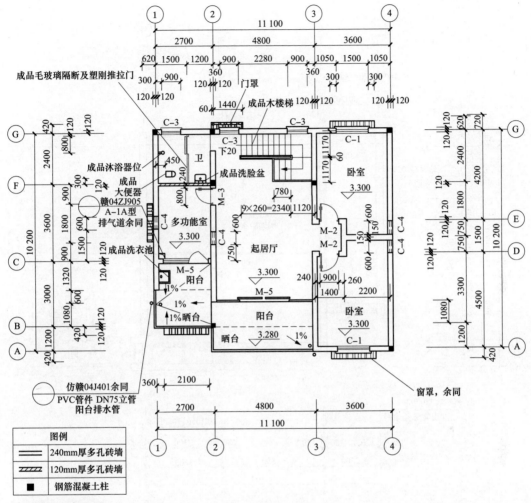

图例

═══	240mm厚多孔砖墙
▨▨▨	120mm厚多孔砖墙
■	钢筋混凝土柱

注: 未标注门垛宽120mm。

二层平面图 (1:100)

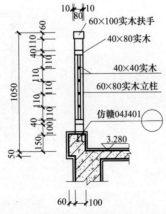

注: 栏杆须加设扁钢作加强, 以保证安全。本图仅作参考。

阳台栏杆详图 (1:20)

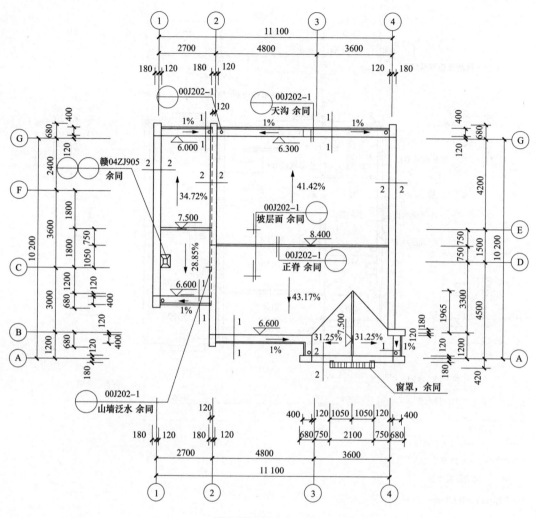

屋顶平面图（1:100）

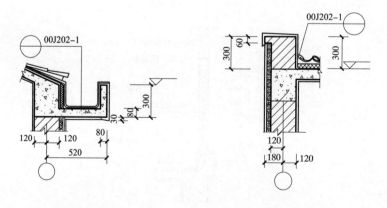

1-1 剖面图（1:20）

2-2 剖面图（1:20）

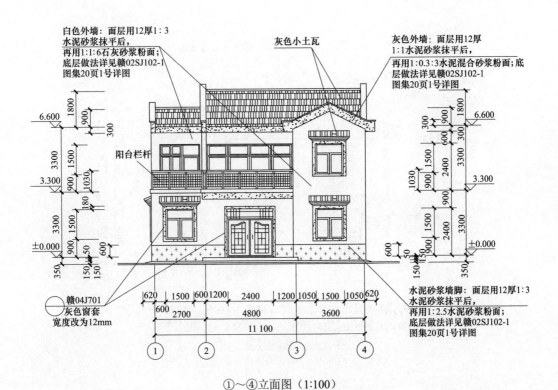

白色外墙：面层用12厚1：3
水泥砂浆抹平后，
再用1：1：6石灰砂浆粉面；
底层做法详见赣02SJ102-1
图集20页1号详图

灰色小土瓦

灰色外墙：面层用12厚
1：1水泥砂浆抹平后，
再用1：0.3：3水泥混合砂浆粉面；底
层做法见赣02SJ102-1
图集20页1号详图

阳台栏杆

赣04J701
灰色窗套
宽度改为12mm

水泥砂浆墙脚：面层用12厚1：3
水泥砂浆抹平后，
再用1：2.5水泥砂浆粉面；
底层做法详见赣02SJ102-1
图集20页1号详图

①～④立面图（1：100）

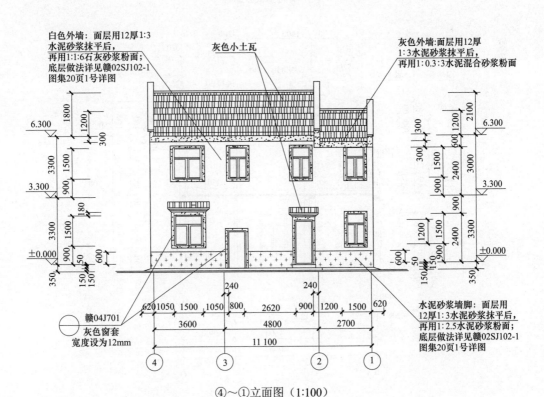

白色外墙：面层用12厚1：3
水泥砂浆抹平后，
再用1：1：6石灰砂浆粉面；
底层做法详见赣02SJ102-1
图集20页1号详图

灰色小土瓦

灰色外墙：面层用12厚
1：3水泥砂浆抹平后，
再用1：0.3：3水泥混合砂浆粉面

赣04J701
灰色窗套
宽度设为12mm

水泥砂浆墙脚：面层用
12厚1：3水泥砂浆抹平后，
再用1：2.5水泥砂浆粉面；
底层做法详见赣02SJ102-1
图集20页1号详图

④～①立面图（1：100）

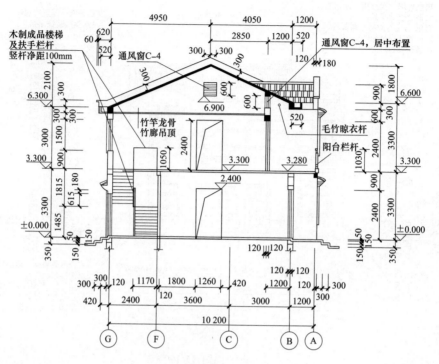

A–A 剖面图（1:100）

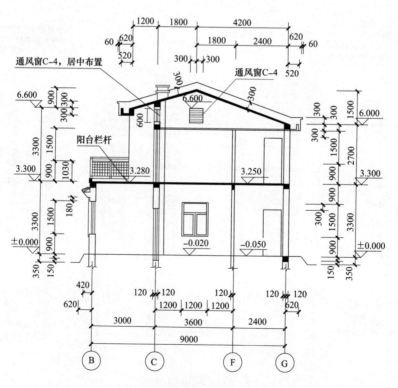

B–B 剖面图（1:100）

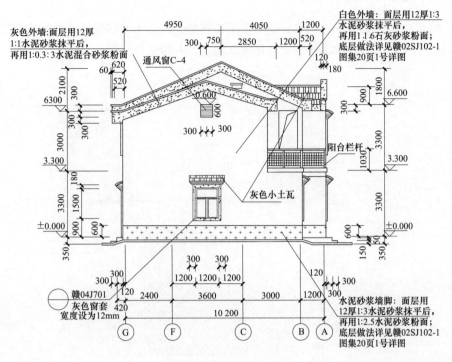

灰色外墙:面层用12厚1:1水泥砂浆抹平后,再用1:0.3:3水泥混合砂浆粉面

通风窗C-4

白色外墙:面层用12厚1:3水泥砂浆抹平后,再用1:1.6石灰砂浆粉面;底层做法详见赣02SJ102-1图集20页1号详图

阳台栏杆

灰色小土瓦

赣04J701
灰色窗套
宽度设为12mm

水泥砂浆墙脚:面层用12厚1:3水泥砂浆抹平后,再用1:2.5水泥砂浆粉面;底层做法详见赣02SJ102-1图集20页1号详图

Ⓖ～Ⓐ立面图（1:100）

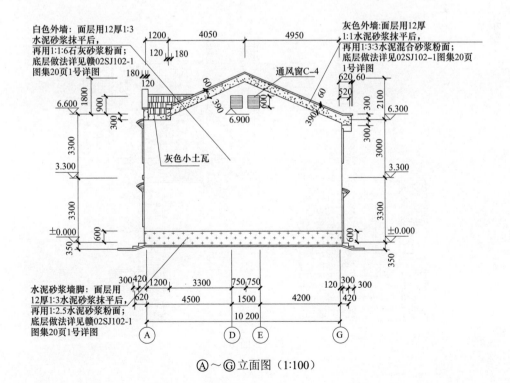

白色外墙:面层用12厚1:3水泥砂浆抹平后,再用1:1:6石灰砂浆粉面;底层做法详见赣02SJ102-1图集20页1号详图

灰色外墙:面层用12厚1:1水泥砂浆抹平后,再用1:3:3水泥混合砂浆粉面;底层做法详见02SJ102-1图集20页1号详图

通风窗C-4

灰色小土瓦

水泥砂浆墙脚:面层用12厚1:3水泥砂浆抹平后,再用1:2.5水泥砂浆粉面;底层做法详见赣02SJ102-1图集20页1号详图

Ⓐ～Ⓖ立面图（1:100）

3.1.6 两层独立式住宅（六）

方案特点：本方案为乡村农宅。采用合院布置形式，主人起居生活用房和客居部分主次分明，联系方便。厅的布置既有传统文化的展现，又具现代气息。

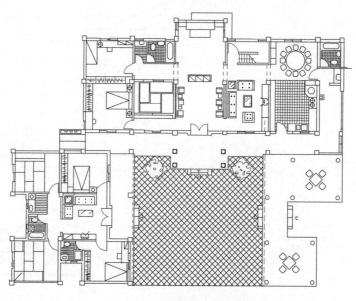

一层平面图

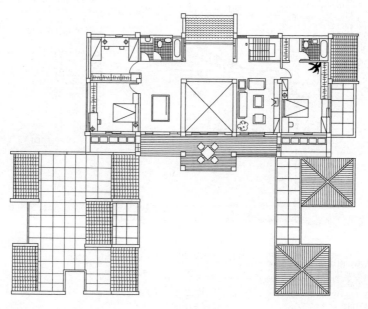

二层平面图

东立面图

西立面图

南立面图

北立面图

3.1.7 两层独立式住宅（七）（设计：北京华特建筑设计顾问有限公司 王学军）

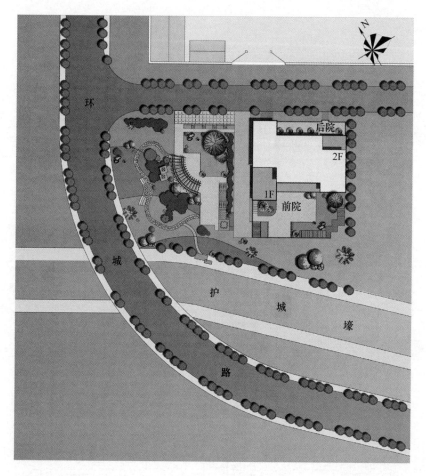

总平面布置图

设计立意：

（1）强化民居的传统文化内涵。

1）地域文化：包括乡土和民俗，通过建筑造型、色彩体现地方特色（大门、屋脊、水口等）。

2）厅堂文化：以厅堂作为家庭活动中心，接待、礼仪空间，体现家族的亲和力及民族的凝聚力。

3）庭院文化：庭院作为室外集中活动场是北方四合院的精华所在，与大自然（天、地）有机融合。

（2）符合农村生活习惯、农业生产要求。农村民居不照搬城市住宅，注重功能实用、合理，控制造价。

（3）持续发展的适应性。灵活布局以适应生产生活方式的不断变化。

（4）提倡现代、健康、卫生的生活方式。采用新材料、新技术，注重环保、节能。

布局：

（1）南部庭院：接待、主入口、影壁、花园绿化、柿子树，地下设沼气池和雨水收集池。采用通透木栅栏围墙，预留水井和水缸的位置，并在二层设辅助水箱。

（2）北部小院：杂物、储藏，辅助入口。

（3）西侧绿地：铺装、花园、大槐树、花架。

户内空间功能分析：

（1）一层：厅堂、厨餐、老人卧室、车库、卫生间、储藏、锅炉间（土暖气）。

（2）二层：起居、卧室、晒台、平台、洗衣间、卫生间。

（3）房间全明，管线集中。

（4）动静分离，洁污分离，餐居分离，寝居分离。

（5）厅堂考虑供天地、祖先的牌位空间。

（6）卫生间设水冲式蹲便。

（7）厨房考虑面食加工空间。

节能分析：

（1）节地：每户建筑面积 $200m^2$，占地 $230m^2$，地上两层。

（2）造型：简洁方整，减少体型系数，节约能耗。

（3）墙体：采用混凝土多孔砖，内加保温层；屋顶设隔热层，形成通风屋顶，局部设空气夹层，减少顶层热辐射。

（4）门窗：单柜双玻断桥铝合金或塑钢门窗。

（5）通风：房间南北通透，有利于空气对流，房间换气，保持室内空气清新。L型布局，充分利用当地主导风向（南偏西、北偏东）。

（6）雨水利用（节水）：院内设雨水收集系统，用于卫生间便池冲洗及绿化浇灌。

（7）太阳能：结合坡屋顶设太阳能集热器，提供生活热水。

（8）利用农村循环经济：回收牲畜粪便、秸秆等制造沼气。

（9）就地取材：充分利用当地材料及工艺。

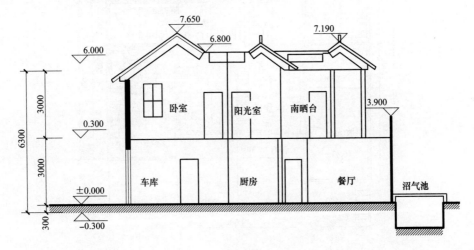

剖面图

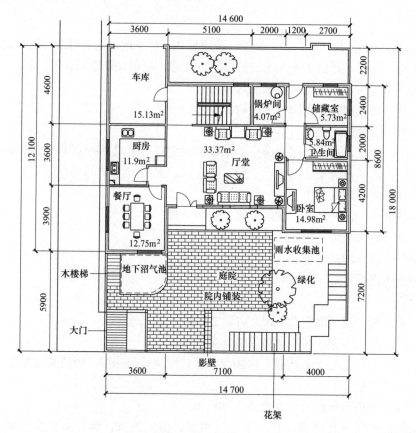

一层平面图

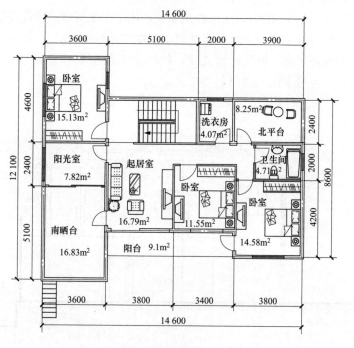

二层平面图

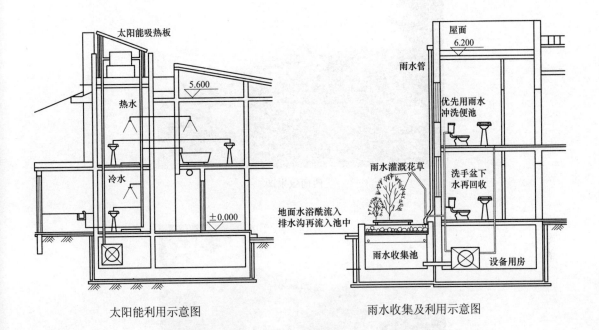

太阳能利用示意图　　　　　　　雨水收集及利用示意图

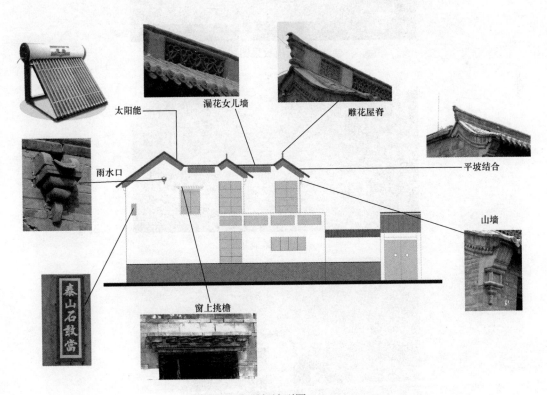

局部造型图

西南效果图

东南效果图

西南鸟瞰效果图

东侧鸟瞰效果图

3.1.8 两层独立式住宅（八）（设计：安徽省建设厅 倪虹）

两层独立式住宅（八）透视图

持续建造示意图

方案特点：

（1）房屋布局风格采用传统的三间屋形式，中堂居中，传统生活文化氛围浓郁。功能则满足当代生活需求，分区明确，做到食寝分离，居寝分离，洁污分离。

（2）为节约土地，采用前院开敞、后院封闭的院落布置方式，前院和公共空间融为一体，扩大空间，方便交流；后院圈养家禽、家畜，安全卫生、管理方便。

（3）建筑底层布置堂层、老人居室及客房，并考虑杂物储藏空间。农忙时客房可作为临时谷仓。二层主要为卧室空间，且设有露台、便于晾晒。二层房屋可根据房主的经济状况分期建造。

（4）厕所布置于后院，与正房联系紧密，并且能有效隔绝气味，同时与后院的家禽（家畜）舍统一考虑设置沼气池。二楼储藏间在供水条件改善后可改造为水冲式卫生间，进一步改善生活质量。

（5）房屋造型采用当地农民常见的样式，朴实大方、建造方便。

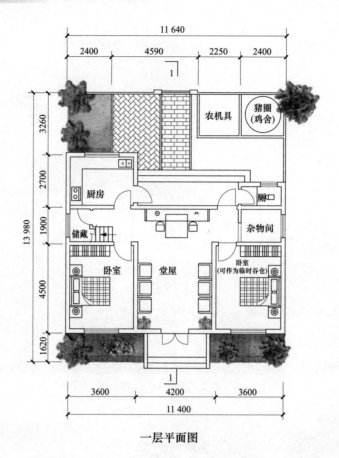

一层平面图

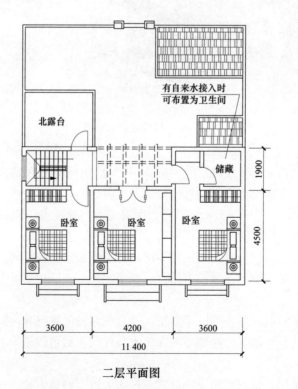

二层平面图

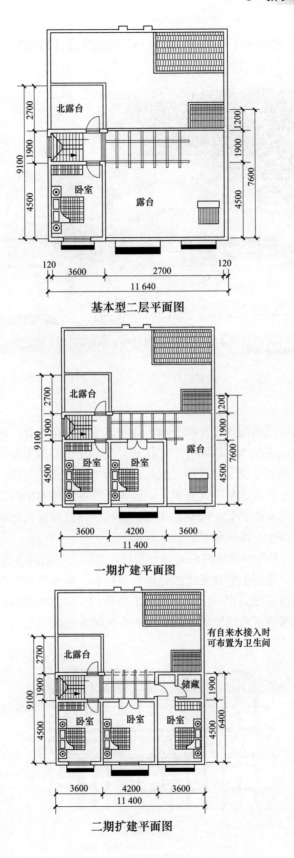

基本型二层平面图

一期扩建平面图

二期扩建平面图

3.1.9　两层独立式住宅（九）（设计：江阴市建筑设计研究院　顾爱天）

两层独立式住宅（九）效果图

方案特点：

（1）本方案为两开间两层房。平面分布上厨房、中堂朝南布置，厨房在农村生活中有重要地位，它不仅是做饭菜的地方，同时也往往是邻居来往闲聊的主要场所。农村习惯烧灶，现在虽有了液化气，但烧灶仍十分普遍，因此，作为生活方式的延续，本方案在厨房中设置了大灶。由于设计中不仅考虑独立式布置，也还考虑到两户相对衔接，因而内院在空间上两户相互借用，减少了闭塞的感觉；同时，走廊、楼梯临内院设置也增加了内院空间层析。服务空间设在中部，以减少交通面积。

（2）房屋造型本着朴实、雅致的原则进行设计，立面上利用烟囱拔高处理，形成特质性，以增加居户的认同感。造型上着重突出的是屋面和色彩。屋面处理时也考虑了结构、施工和造价方面的因素，因而屋面突出一个群体的艺术效果，不强调单幢单户，而是作为一个整体来考虑，同时造型中吸收了传统民居中四合院和女儿墙的处理方法。

兰灰色波形英红瓦

白色面砖饰面

南立面图

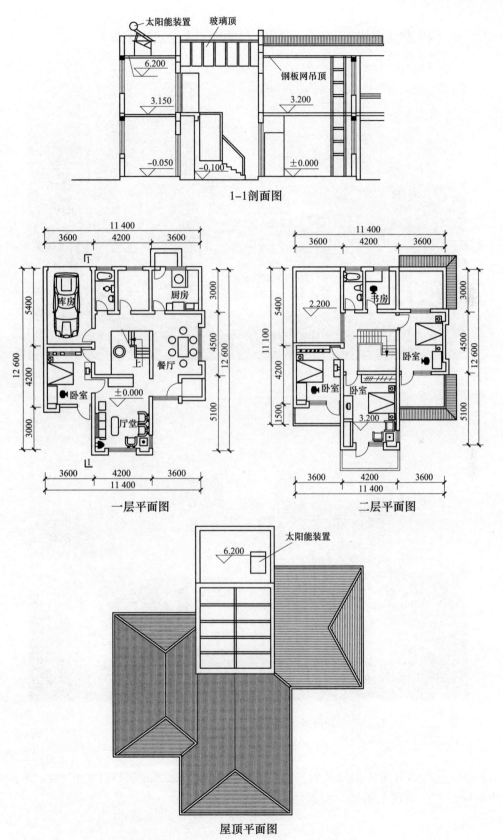

1-1剖面图

一层平面图

二层平面图

屋顶平面图

3.1.10 两层独立式住宅（十）（设计：昆明理工大学建筑学系）

两层独立式住宅（十）立面效果图

　　方案特点：本方案为独立式农民住宅，建筑面积 322.5m²。以厅为中心组织平面，功能布局合理；屋顶采用平、坡面结合，立面富有变化。

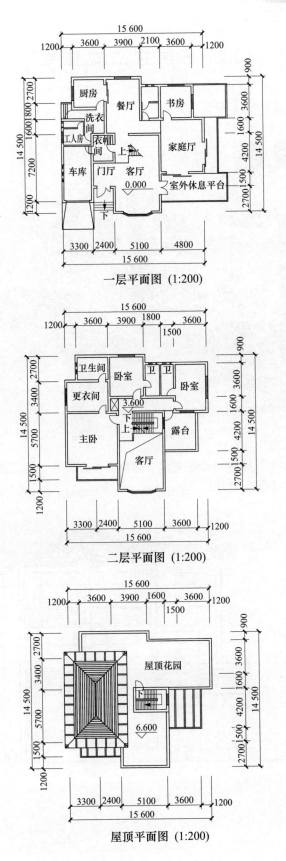

一层平面图 (1:200)

二层平面图 (1:200)

屋顶平面图 (1:200)

3.2 三层独立式住宅

3.2.1 三层独立式住宅（一）

三层独立式住宅（一）实景图

方案特点：本方案为三层独立式住宅，平面布置较为紧凑，入门设置了小天井内庭，活跃了居住气氛。立面造型富于变化。

独立式住宅 A 型立面图

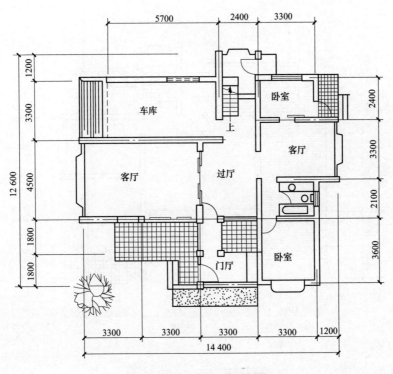

独立式住宅 A 型一层平面图

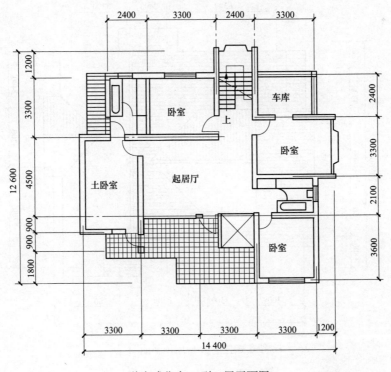

独立式住宅 A 型二层平面图

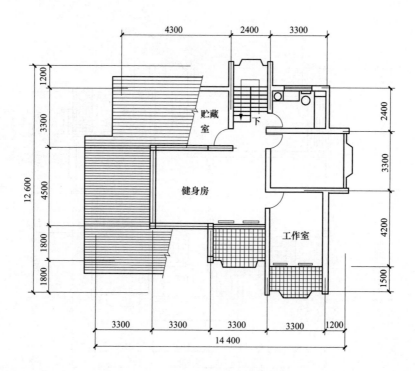

独立式住宅 A 型三层平面图

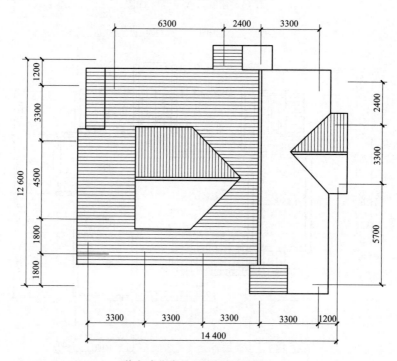

独立式住宅 A 型屋顶平面图

3.2.2 三层独立式住宅（二）

三层独立式住宅（二）设计模型

方案特点：本方案为四坡顶三层住宅，大片的二层露台利于夏季乘凉及布置屋顶花园，提高居住环境质量。

独立式住宅 D 型南立面图

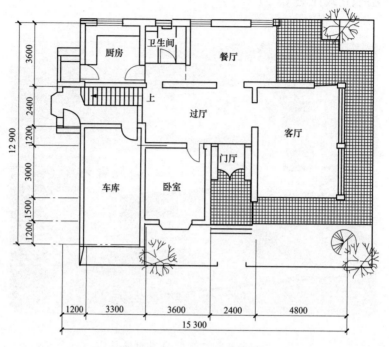

独立式住宅 D 型一层平面图

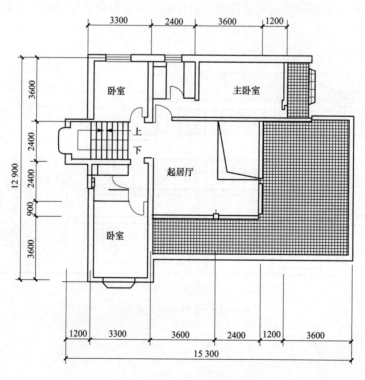

独立式住宅 D 型二层平面图

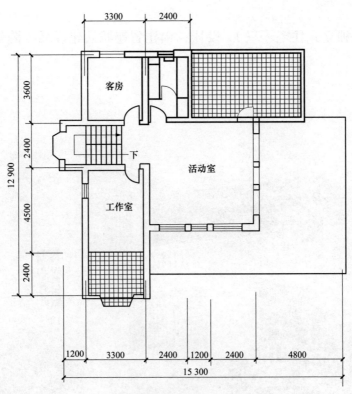

独立式住宅 D 型三层平面图

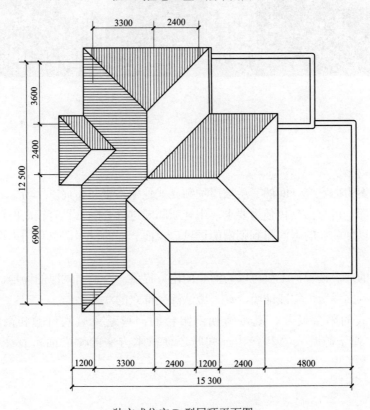

独立式住宅 D 型屋顶平面图

3.2.3　三层独立式住宅（三）（设计：福建省连城县建设局　陈建明　指导：骆中钊）

三层独立式住宅（三）实景图

方案特点：

（1）本方案为面宽二开间的三层坡屋顶独立式住宅。平面布局以厅为中心组织平面，后半部 3.6m 进深。可根据具体使用要求，用轻质隔断进行分隔，具有较高的可改性。设置的侧面阳台，可以使朝北的房间得到朝南的进风口；而一层的厨房即可利用南面开门，加深与邻里之间的联络。

（2）三层的三户设置，不仅可以为湿热的南方提供一个避雨纳凉的场地，还可为农户提供一个洗衣晾晒的场所。实践证明，这一做法深受群众的欢迎。

（3）台阶式的阳台设置，既可为朝南阳台的门窗避免风吹日晒和雨淋，又可获得充足的阳光，便于晾晒衣被和谷物，同时还使得本方案的侧立面富有变化，颇为生动活泼。

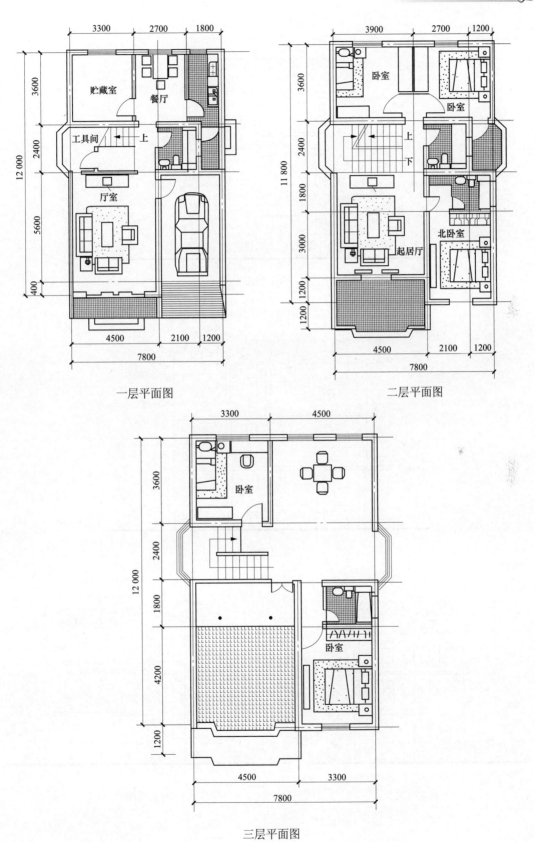

一层平面图

二层平面图

三层平面图

南立面图

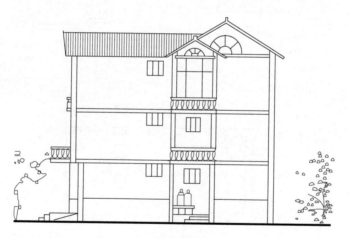

东立面图

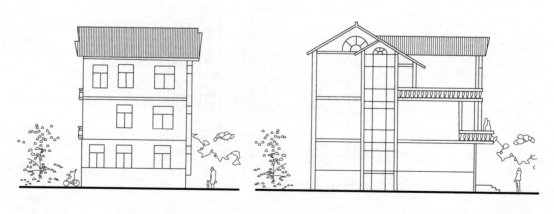

北立面图　　　　　　　　　　西立面图

3.2.4 三层独立式住宅（四）

方案特点：本方案为独立式三层住宅。一层库房有三种不同的布置，可适应总平面布局的要求。平面布置各层均有较大的室外活动场所，便于晾晒谷物和栽植花卉。

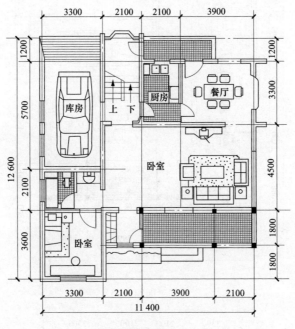

一层平面图（1）

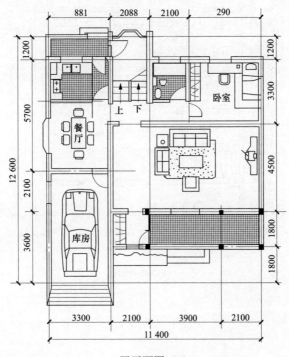

一层平面图（2）

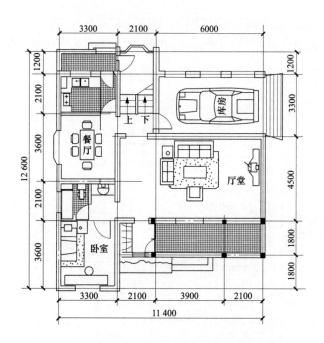

一层平面图（3）

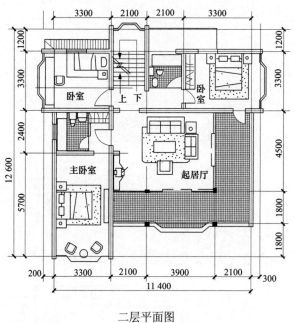

二层平面图

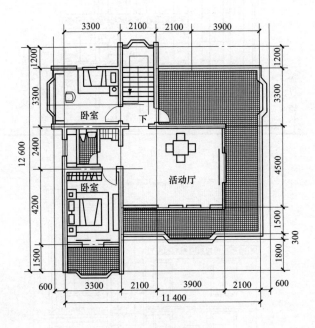

三层平面图

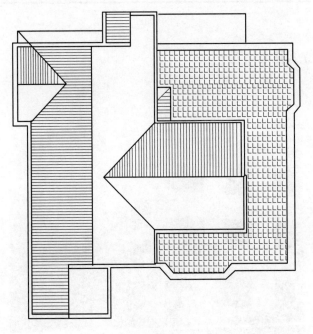

屋顶平面图

南立面图

北立面图

3.2.5　三层独立式住宅（五）

三层独立式住宅（五）实景图

方案特点：本方案为独立式三层住宅。设计中考虑到所处基址依山傍水，但为坐南朝北，主导风向为东北风的特点，特在住宅的南面布置带有门廊的餐厅，以供用户夏天纳凉，二层东北向阳台和三层西南向露台又可为用户提供更多的室外活动场所。

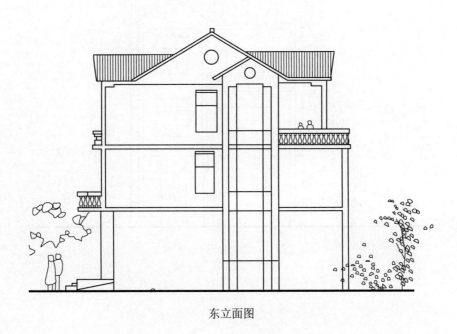

东立面图

南立面图

北立面图

西立面图

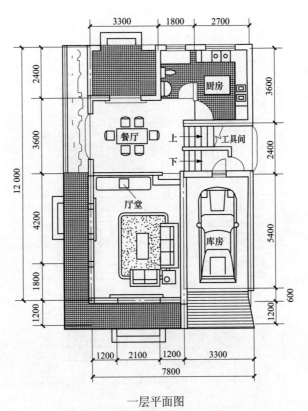

一层平面图

二层平面图

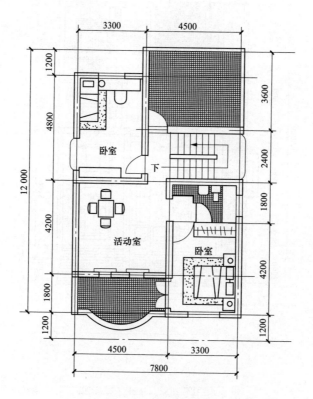

三层平面图

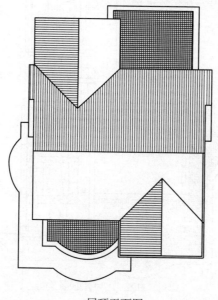

屋顶平面图

3.2.6 三层独立式住宅（六）

三层独立式住宅（六）实景图

方案特点：本方案为三层独立式住宅，功能空间齐全，平面组织合理，立面造型富于变化。

独立式住宅 C 型立面图

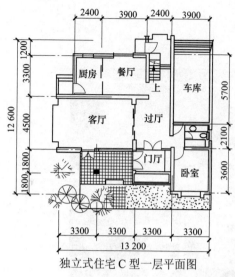

独立式住宅 C 型一层平面图

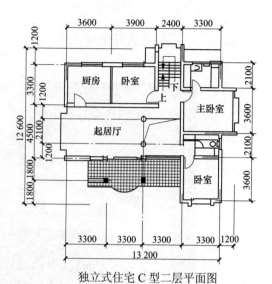

独立式住宅 C 型二层平面图

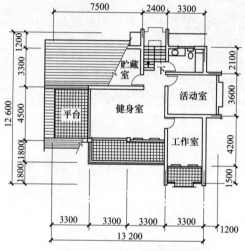

独立式住宅 C 型三层平面图

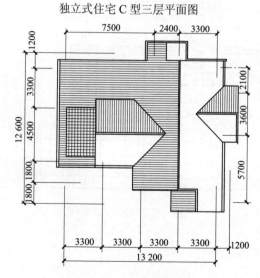

独立式住宅 C 型屋顶平面图

3.2.7 三层独立式住宅（七）

三层独立式住宅（七）效果图

方案特点：

（1）本方案为三层坡屋顶独立式住宅。平面功能齐全，布置紧凑。在二、三层相同的情况下，一层平面可根据单体平面在总平面中的位置，把库房（车库）分别布置在南向或北向，使得方案具有较大的适应性。

（2）各层平面都布置了较大的室外阳台，以适应南方类型地区农村生活和生产的需要。

（3）立面造型轻巧多变，层次丰富，颇具现代气息。

南立面图

北立面图

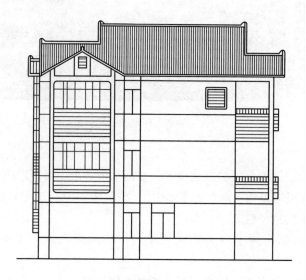

东立面图

西立面图

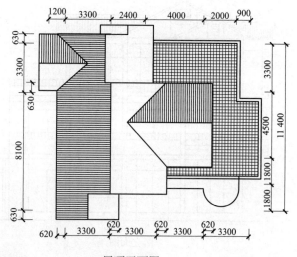

屋顶平面图

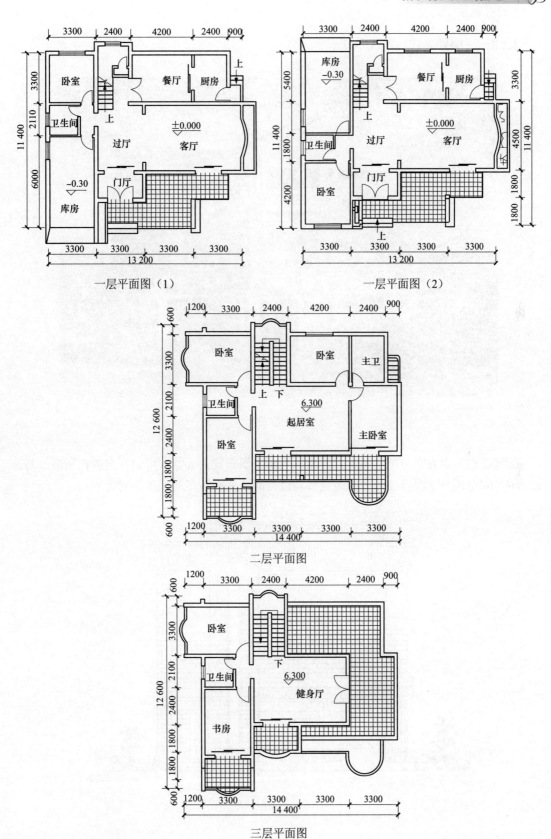

一层平面图（1）

一层平面图（2）

二层平面图

三层平面图

3.2.8 三层独立式住宅（八）

三层独立式住宅（八）效果图

方案特点：本方案为三层独立式住宅。当总平面布置需要时，可把库房放在南面，与卧室、卫生间对调。平面以厅为中心布置各功能空间，并有较多的室外活动场所。

东立面图

南立面图

西立面图

北立面图

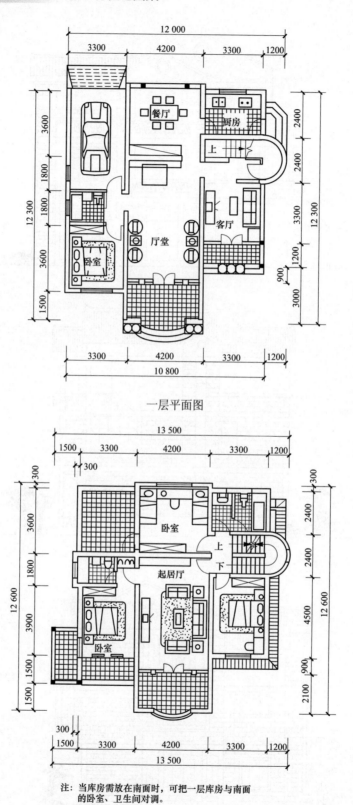

一层平面图

二层平面图

注: 当库房需放在南面时，可把一层库房与南面
的卧室、卫生间对调。

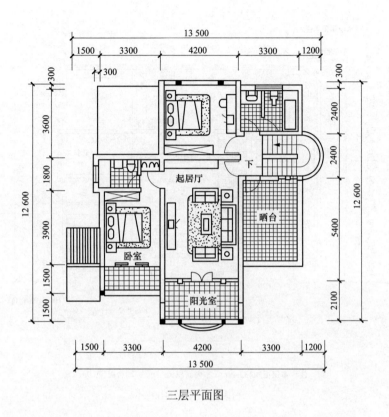

三层平面图

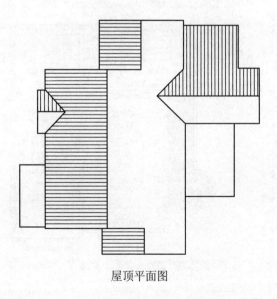

屋顶平面图

3.2.9 三层独立式住宅（九）

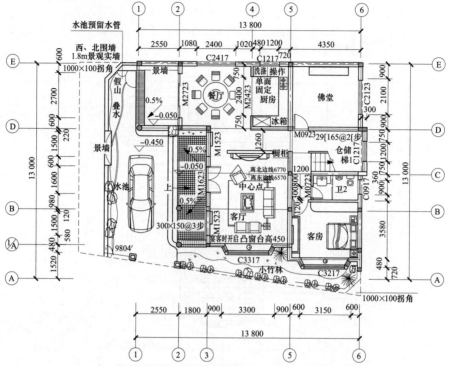

注：本层面积132.4m²，室内面积122.5m²，阳台面积9.9m²。

一层平面图（1:100）

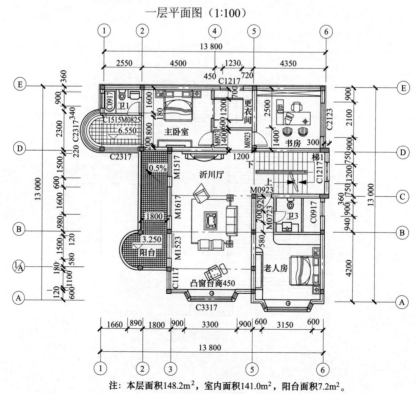

注：本层面积148.2m²，室内面积141.0m²，阳台面积7.2m²。

二层平面图（1:100）

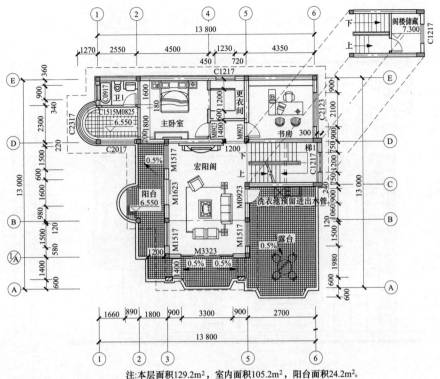

注:本层面积129.2m²，室内面积105.2m²，阳台面积24.2m²。

三层平面图（1:100）

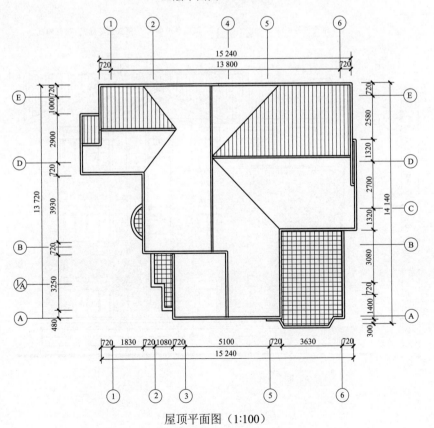

屋顶平面图（1:100）

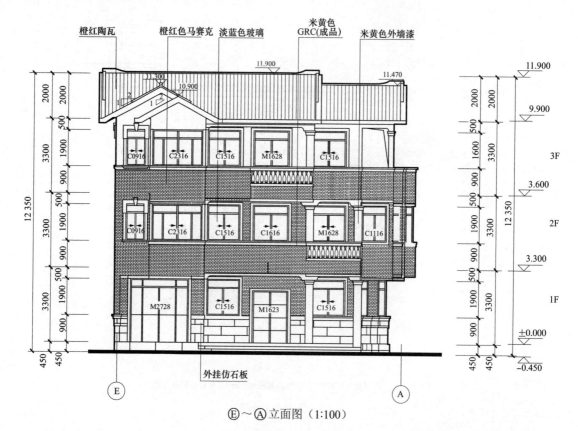

E～A立面图（1:100）

A～E立面图（1:100）

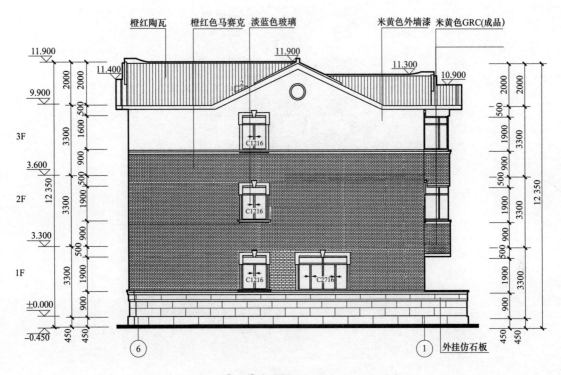

橙红陶瓦　橙红色马赛克　淡蓝色玻璃　米黄色外墙漆　米黄色GRC(成品)

外挂仿石板

⑥～①立面图（1:100）

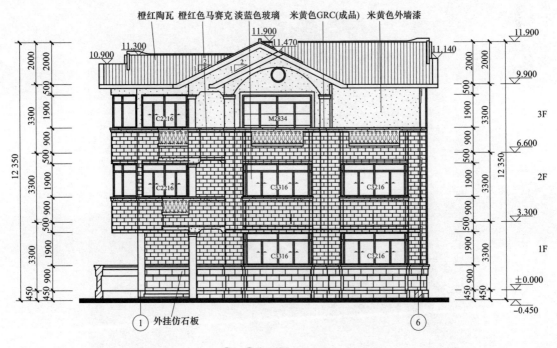

橙红陶瓦　橙红色马赛克　淡蓝色玻璃　米黄色GRC(成品)　米黄色外墙漆

外挂仿石板

①～⑥立面图（1:100）

效果图

4 新农村并联式住宅

4.1 两层并联式住宅

4.1.1 福建省两层并联式住宅

透视图（1）   透视图（2）

　　方案特点：本方案采用了闽南东南民居的建筑风格。多种的两层布置方式可供用户根据需要进行选择。阁楼层的利用，不仅提高了空间的利用率，还可以为立面造型的创作提供条件。

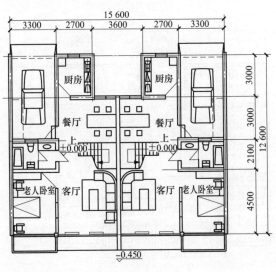

一层平面图（1）

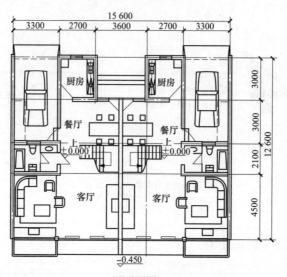

一层平面图（2）

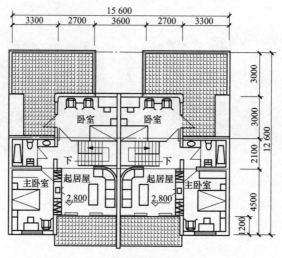

二层平面图（1）

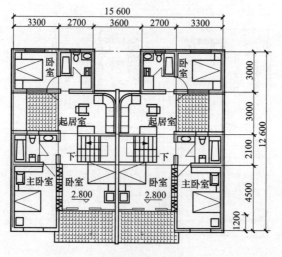

二层平面图（2）

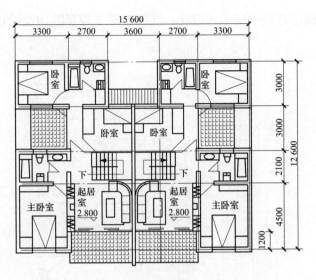

二层平面图（3）

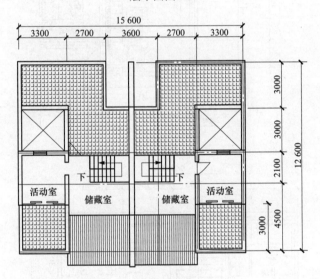

阁楼层平面图

南立面图

4.1.2 辽宁省两层并联式住宅（设计：沈阳建筑工程学院建筑设计院 彭晓烈）

方案特点：本方案平面布置紧凑，功能合理。

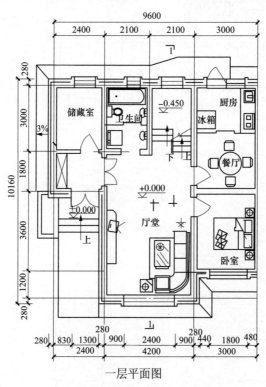

一层平面图

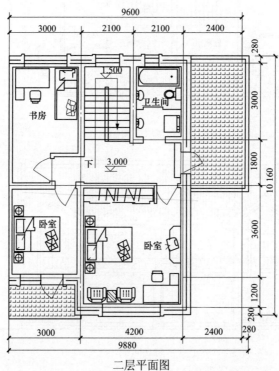

二层平面图

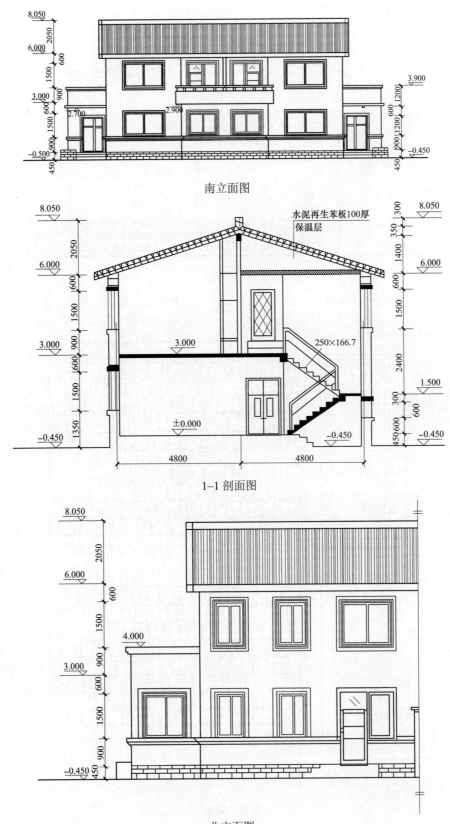

南立面图

水泥再生苯板100厚
保温层

250×166.7

1-1 剖面图

北立面图

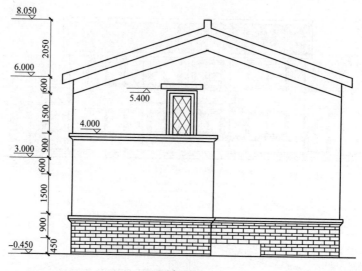

西立面图

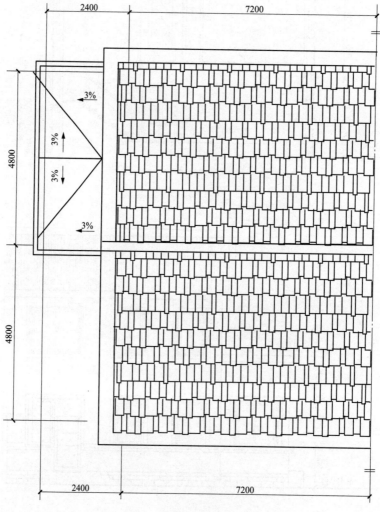

屋顶平面图

4.1.3 安徽省两层并联式住宅（设计：安徽省建筑设计研究院　姚茂举）

透视图

方案特点：

（1）用地为小面宽、大进深，有利于节地。

（2）住宅单体平面采用中等面宽和进深，方便使用，布局紧凑。

（3）单体均可拼接，非常节地。

（4）南、北院设计，功能分区明确，充分考虑农家小院饲养家禽和停放农用车及私人轿车等特点。

（5）户内各功能房间均为全明设计、自然通风。

（6）可根据经济情况和家庭成员数量以及功能要求的变化进行扩建和改建，具有可持续发展性。

（7）设计采用砖混结构+轻质墙体，节约造价和节能。

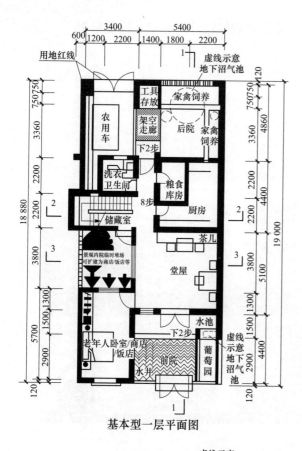

基本型一层平面图

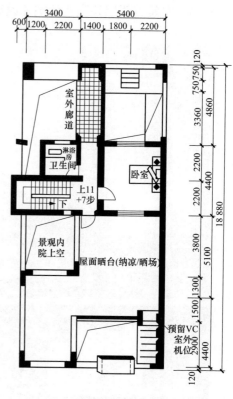

基本型二层平面图

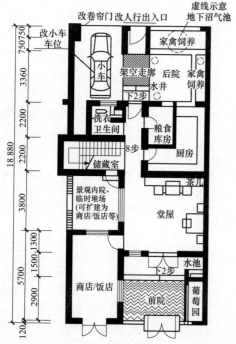

扩展一型一层平面图

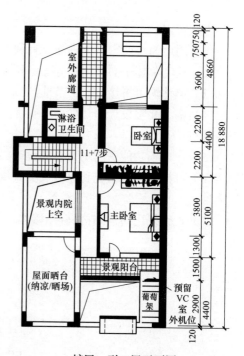

扩展一型二层平面图

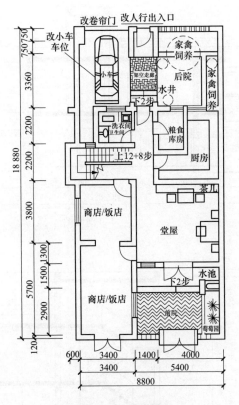

扩展二型一层平面图

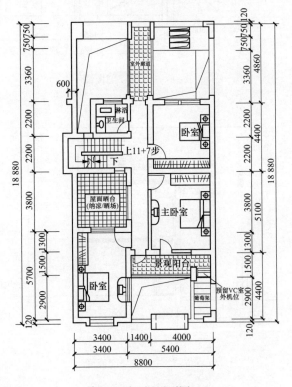

扩展二型二层平面图

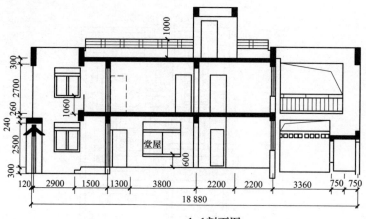

1-1剖面图

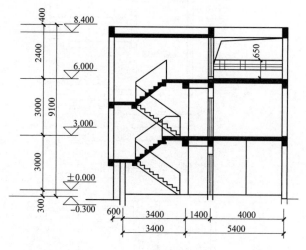

2-2剖面图

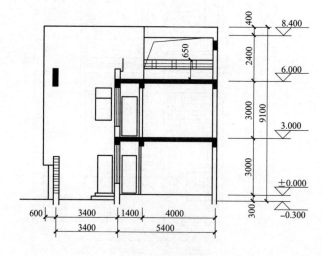

3-3剖面图

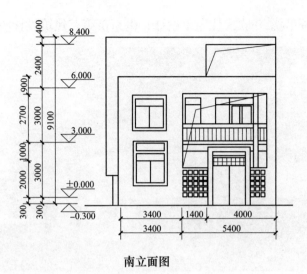

南立面图

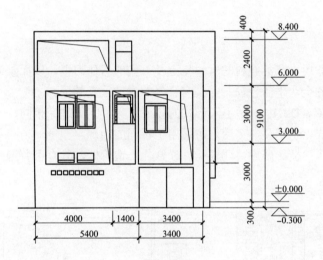

北立面图

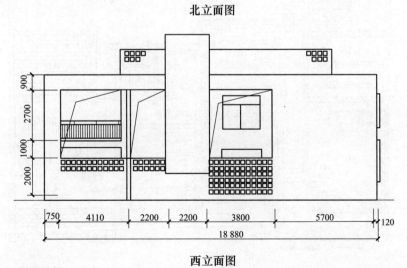

西立面图

4.1.4 江苏省两层并联式住宅（设计：南京市第二建筑设计研究院 裴竣）

透视图

方案特点：

（1）本方案适用于江苏农村的气候特点及人们的居住习惯，以厅堂为中心，组织流线，动静分区，功能齐全，平面合理，并具有良好的通风采光效果。

（2）A、B、C、D、E 五种不同形式的住宅单元，因其进深相同，可组合成条式、阶梯式及半围合的形式，组织灵活多变，可适用于不同的地形。

（3）结构体系简捷、严谨，建筑构件模数化，造价低，具有可普遍推广性。

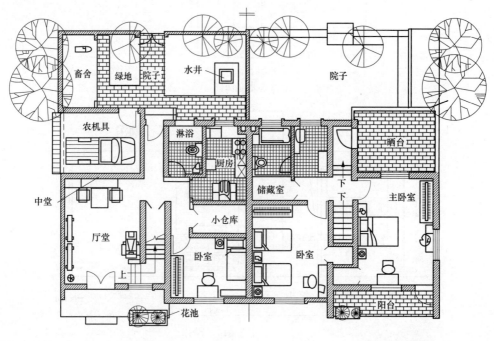

A型一层平面图   A型二层平面图

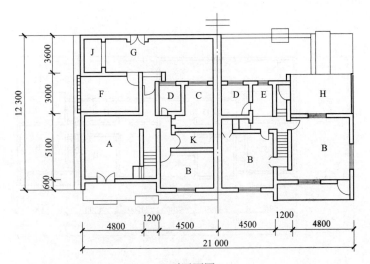

B 型平面图

A—厅堂；B—卧室；C—厨房（会餐室）；D—卫生间；E—洗脸间；F—农具间；G—院子；H—晒台；J—畜舍；K—小仓库

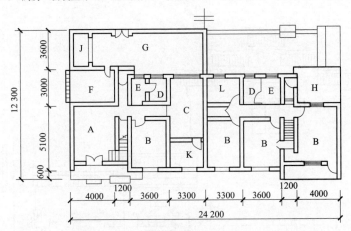

C 型平面图

A—厅堂；B—卧室；C—厨房（会餐室）；D—卫生间；E—洗脸间；F—农具间；G—院子；H—晒台；J—畜舍；K—小仓库；L—书房

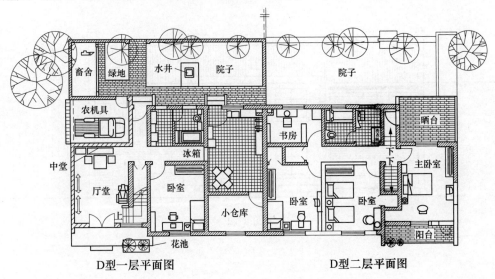

D型一层平面图　　　　D型二层平面图

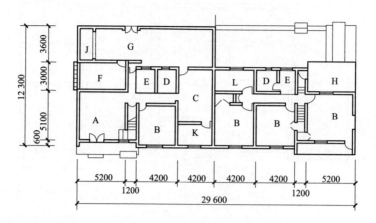

E 型平面图

A—厅堂；B—卧室；C—厨房（会餐室）；D—卫生间；E—洗脸间；F—农具间；G—院子；H—晒台；J—畜舍；K—小仓库；L—书房

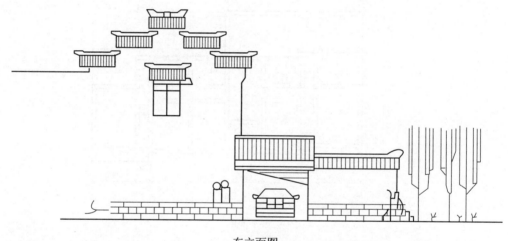

东立面图

南立面图

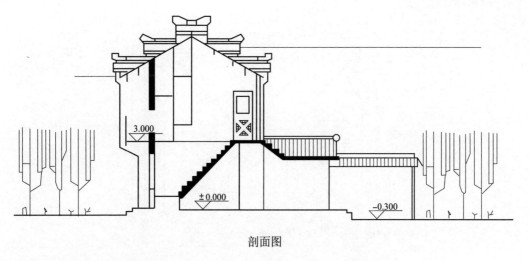

剖面图

4.1.5 浙江省两层并联式住宅（设计：富阳市建设局编制）

方案特点：本方案平面布局紧凑，功能合理。

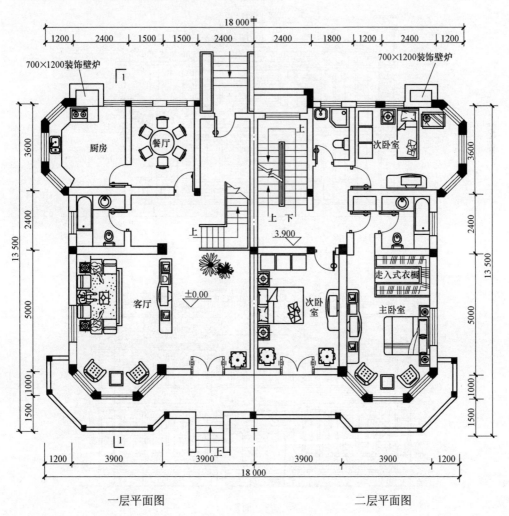

一层平面图　　　　　　　　　　　二层平面图

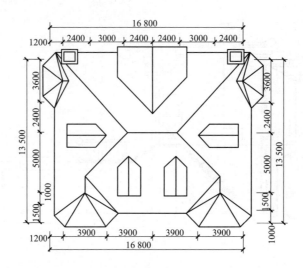

屋顶平面图

左侧立面图

背立面图

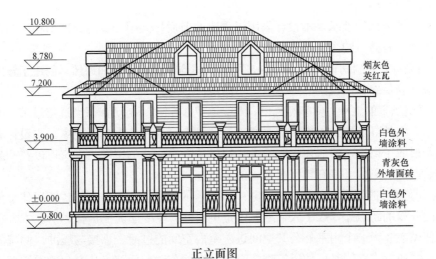

正立面图

4.1.6　山东省两层并联式住宅（设计：山东大卫国际建筑设计有限公司　申作伟　毕金良　赵晓东　宗允京　李晓东）

透视图

方案特点：

（1）设计理念及创意特点。本方案为龙口城郊民居设计方案，龙口市位于山东省经济发达地区，盛产优质煤炭，农村经济比较繁荣，富裕起来的农民急需改善居住条件却又缺乏有效的设计指导。本设计坚持"以人为本"的设计理念，定位为"实用、经济、生态、现代"，意图通过中国传统民居建筑的继承与创新，根据当地农村发展现状，农民生活、工作方式及居住的需求，创造出真正适合新时期农民居住的建筑形式。其主要有以下几个特点：

1）规划设计理念的创新：考虑到传统的院落形式对土地资源大面积的占用已难以适应

现代建筑对节地方面的要求，本设计采用了紧凑的前后排共用一条道路的街坊式布局，提高了建筑容积率，有效节约了土地资源。

2）全明设计：除厨房附属储藏室外，所有房间均能自然采光和通风，创造了较为舒适的室内光环境，满足农村居民的心理特点，节约电力资源。

3）对"街坊"的继承：幢幢相连的门楼，亲切的邻里、街坊，每当过年过节，邻里互相拜年祝福，火红的灯笼再加上吉庆的对联，这才是中国农民心中真正的家。本设计利用两排住宅的间距形成了街坊，给居住在此的人们提供了一个交往的空间，大家可以在一起聊天、散步，使邻里之间形成了具有较强亲和力的区域社会群体。

4）对"院落"的继承与创新：庭院是中国民居的灵魂，在中国人的传统居住文化中更像是一个大的开放的起居厅，成了人们从家中走进自然、享受阳光的最佳场所。本方案中，前院的设置使民宅有了一个由室外公共空间进入室内空间的过渡、承接与缓冲。侧院的设置满足了机动车停放要求，同时可使所需物资直接由机动车运至后院，从专门的通道直接进入地下储藏室。农村生活中常常有收获的庄稼果实需要在院子内进行再加工，利用两排民宅的间距形成的工作、休闲后院在满足这个需求的同时，又成了家庭户外休闲空间。

5）对民俗民风及农村生活习惯的尊重：在民间有正对大门设置影壁的习俗，有的在影壁上设置神龛，相信可以驱邪镇妖求得全家平安。本设计正对主入口设置的装饰实墙面实际上为影壁的变形、升华，起到了遮挡视线的作用。农村由于受条件所限，对生活用品的采购远不如城市方便，厨房往往需要存储大量的生活用品，故而在厨房内设置附属储藏室。

6）保护环境和节约资源：胶东地区煤矿较多，采煤所产生的煤矸石随处可见，给环境造成了较大的污染。本设计中烧结煤矸石砖墙体的采用，充分地利用了地方材料，降低了造价，有利于保护环境和节约资源。

（2）功能布局。本设计遵循"分区明确、功能合理"的原则对各功能空间进行了组织，在地下设置了储藏室，满足农村有存储大量粮食及生活物资的需求。在一层设置了起居室、餐厅、厨房等公共活动空间及一间卧室，可满足老人居住，免除上下楼的不便.二层设置了两间卧室和儿童房，可满足农村四世同堂家庭的使用。

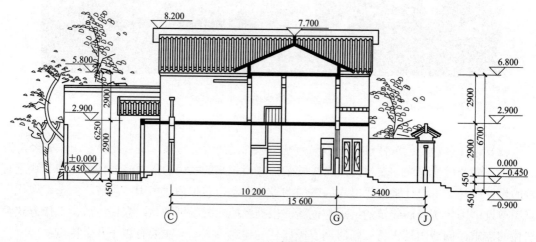

1-1剖面图

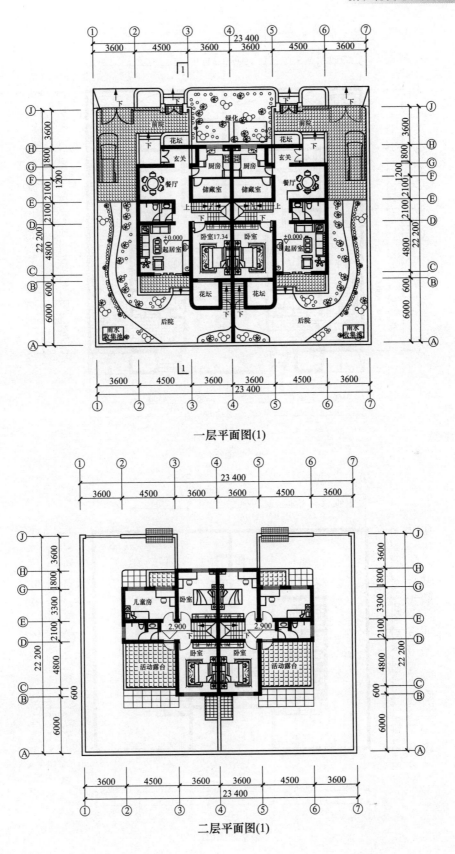

一层平面图(1)

二层平面图(1)

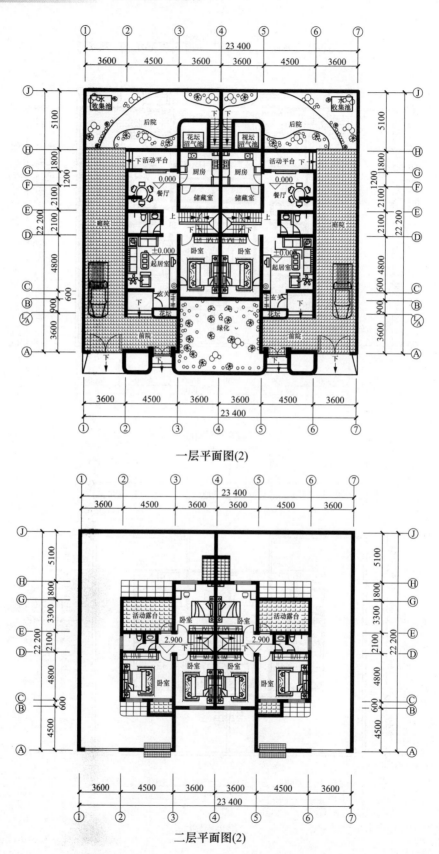

一层平面图(2)

二层平面图(2)

4.1.7　浙江省两层并联式住宅（设计：富阳市建设局）

透视图

方案特点：

（1）本方案位于浙江省富阳市，适于两代或三代人共同居住的农村家庭使用，从较富裕的农村居住条件考虑，采用独立成院布置，每幢建筑考虑两户，左右设计了两种不同的户型，可根据用户的喜好选择。

（2）在平面设计上，平面布置紧凑，住宅内动静分区，明确洁污分置、寝居分离。按照传统农村居住习惯，住宅首层以起居室为中心，周围布置有餐厅、厨房、卫生间及车库，并设有老人卧室，各种管线集中布置；以减少上、下水管线投资。二层主要布置大小卧室及书房，每个居室均有较好的采光通风，由于生活水平的提高，主卧室均设专用卫生间。三层为坡屋面，可利用坡屋面上空设储物间及小书房、活动室，在坡屋面层上营造一种特殊的生活空间，屋面在较隐蔽位置设太阳能热水器，既不影响立面造型，又可节约能源。

（3）在立面设计上，吸取了江南民居的一些建筑风格，屋顶采用悬山做法，轻快、活泼；墙面上利用小坡檐、窗檐、片墙等小尺度造型，配以浅色调墙体色彩，使墙面清新简洁，力求体现农居朴实、大方的特点。

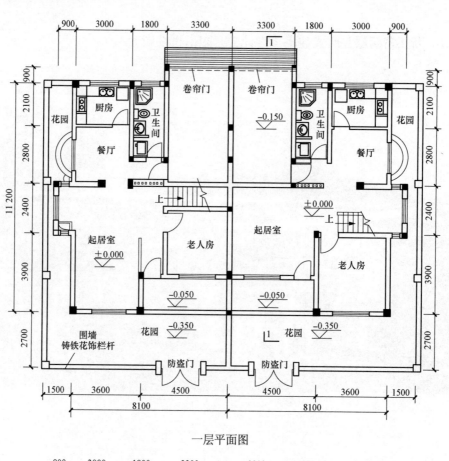

一层平面图

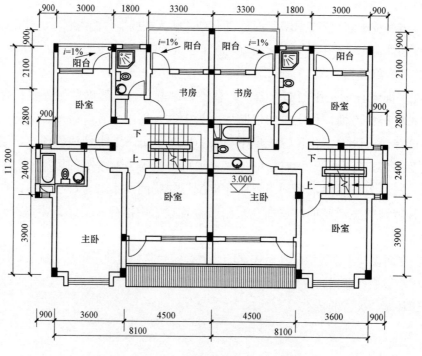

二层平面图

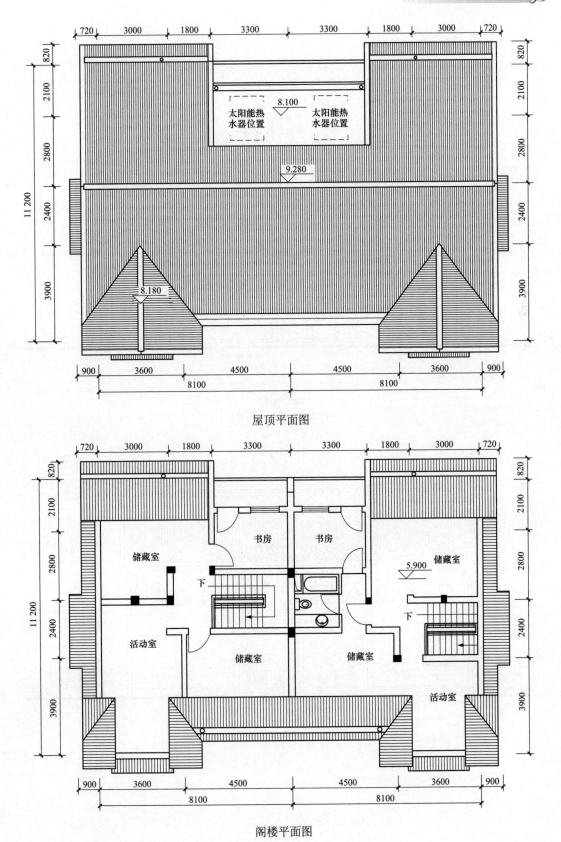

屋顶平面图

阁楼平面图

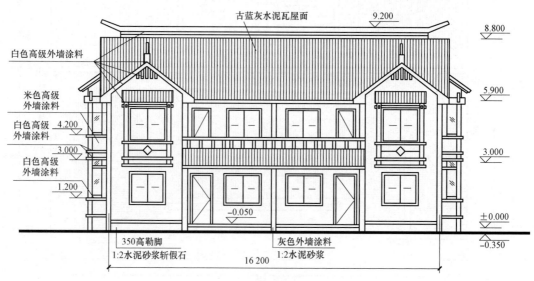

古蓝灰水泥瓦屋面

白色高级外墙涂料

米色高级
外墙涂料

白色高级
外墙涂料

白色高级
外墙涂料

9.200

8.800

5.900

4.200

3.000

3.000

1.200

−0.050

±0.000
−0.350

350高勒脚
1:2水泥砂浆斩假石

灰色外墙涂料
1:2水泥砂浆

16 200

南立面图

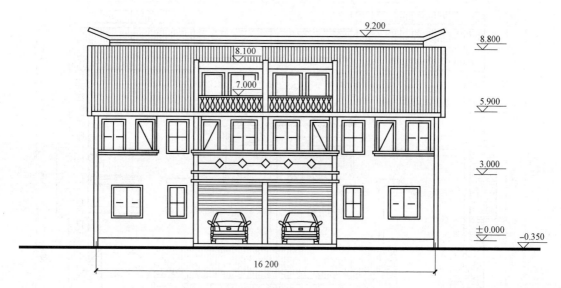

9.200

8.800

8.100

7.000

5.900

3.000

±0.000
−0.350

16 200

北立面图

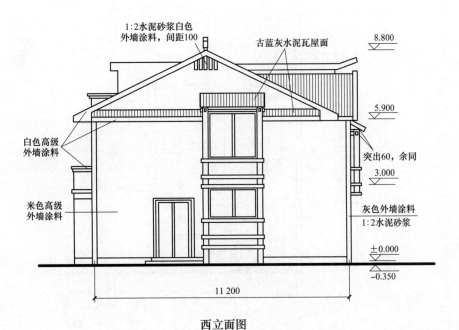

西立面图

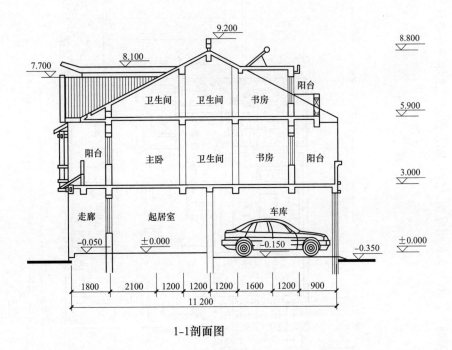

1-1剖面图

4.1.8 北京市两层并联式住宅（设计：北京中建科工程设计研究中心）

方案特点：本方案利用库房（停车库）作为连接体进行并联。内部平面以楼梯为中心进行布置，功能分区明确，使用方便。

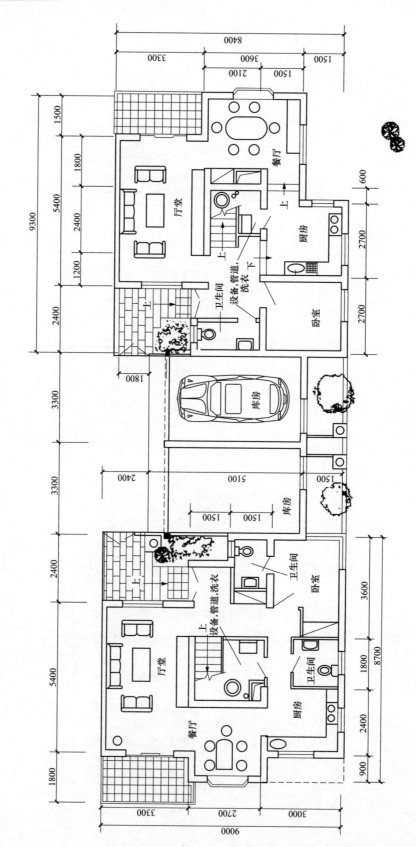

一层平面图

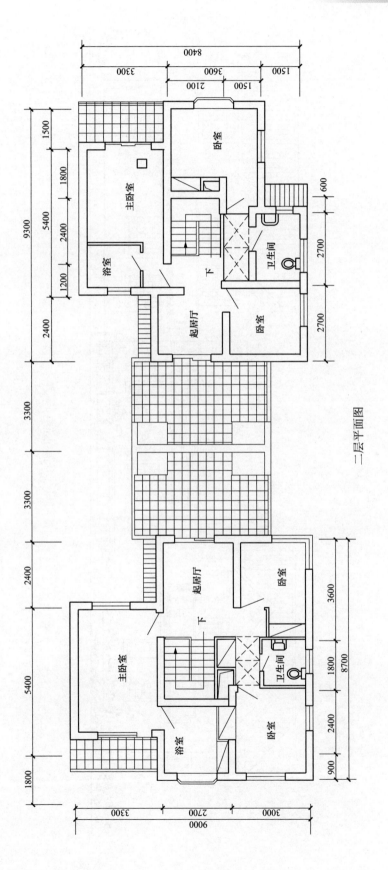

二层平面图

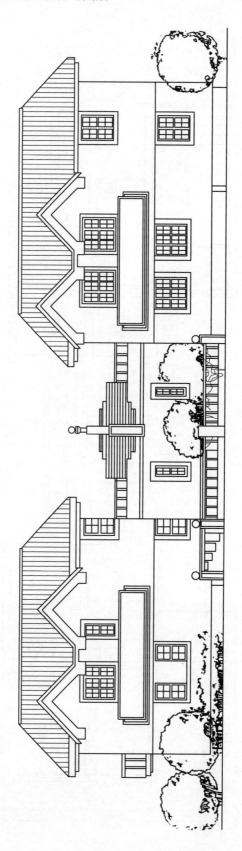

南立面图

4.1.9 广西壮族自治区两层并联式住宅（设计：桂林地区综合设计院 黄羽虹等）

方案特点：

（1）平面紧凑合理，楼梯在中部，以楼梯为界，南面为厅堂，两侧为住房与餐厅，西北角设沼气池、厨房与禽畜舍，形成净区、脏区；东北角是工具房、生活性后院，与净、脏区分隔，形成副业生活区。

（2）建筑坐北朝南，生活用房在南，饲养区与生活区在北，用房直接采光通风。

（3）正面突出堂屋，平面保留广西桂北"三孔头"的建筑风格。

（4）屋面设置平板式太阳能虹吸式热水器，充分利用绿色能源。

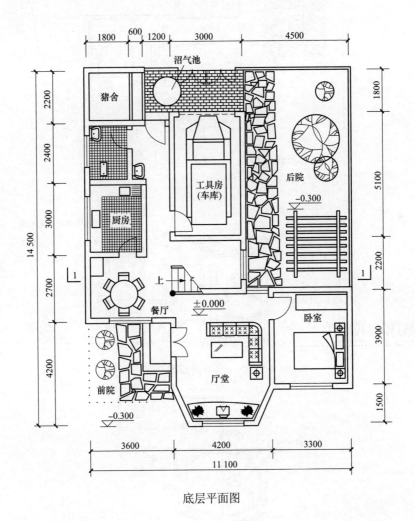

底层平面图

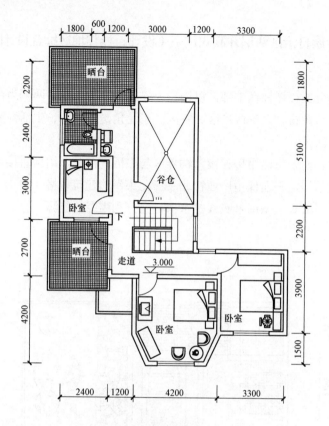

二层平面图

平板式太阳能热虹吸式热水器

阁楼

1-1剖面图

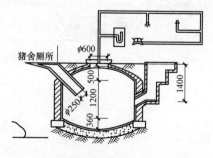

猪舍厕所

φ600

沼气池构造图

南立面图

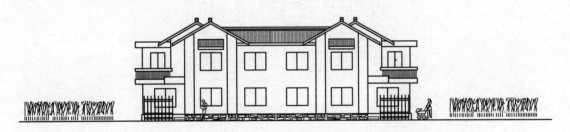

并联南立面图

西立面图

4.2　三层并联式住宅

4.2.1　福建省三层并联式住宅（一）

方案特点：本方案一层布置的库房可根据总平面布局的要求进行选择，可独立或并联布置。二层进深达 2.4m 的阳台，适应近海气候的特点，还可供晾晒之用。

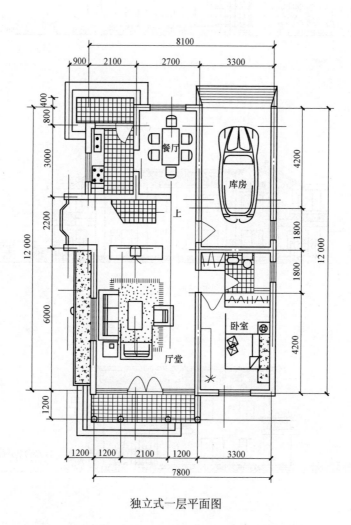

独立式一层平面图

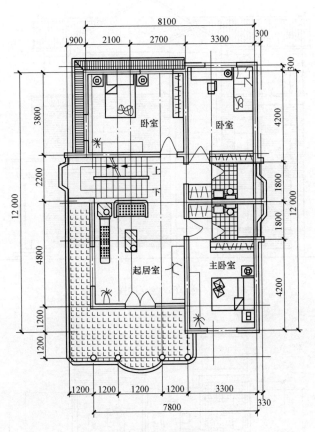

独立式二层平面图

独立式南立面图

独立式西立面图

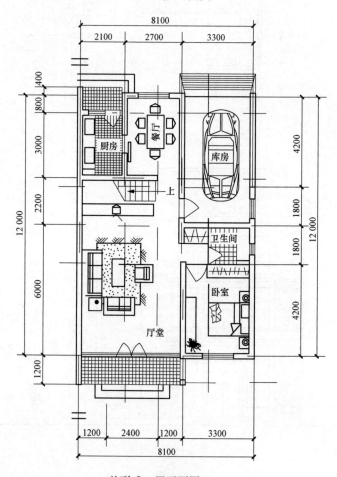

并联式一层平面图（1）

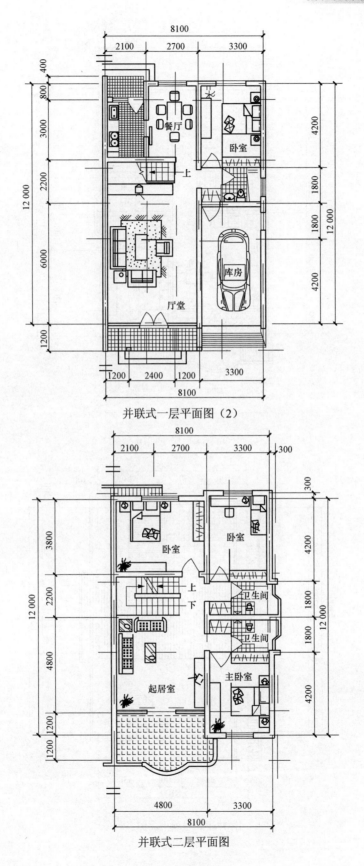

并联式一层平面图（2）

并联式二层平面图

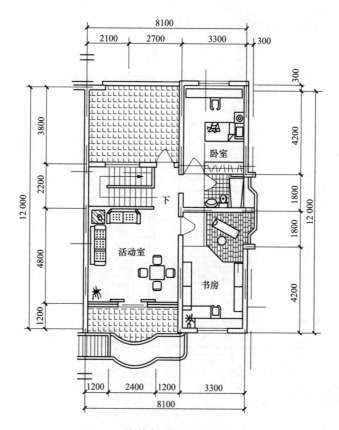

并联式三层平面图

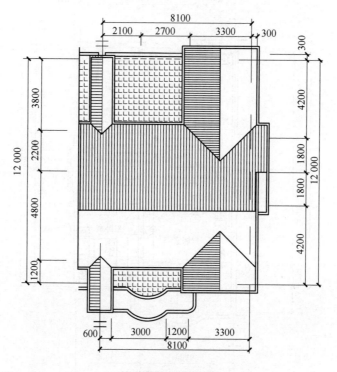

并联式屋顶平面图

并联式南立面图

并联式西立面图

4.2.2　福建省三层并联式住宅（二）

透视图

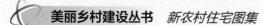

　　方案特点：本方案平面布置紧凑，采用小天井，以确保所有的功能空间均有较好的采光和通风。立面借助台阶式的阳台布置，使其富有变化，可独立或并联布置。两种立面造型的设计，可供不同地区选择采用。

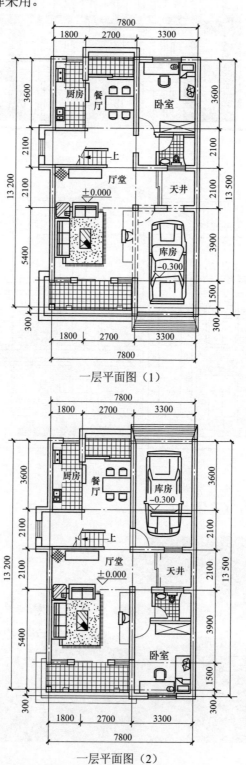

一层平面图（1）

一层平面图（2）

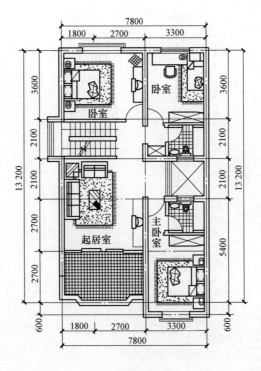

二层平面图

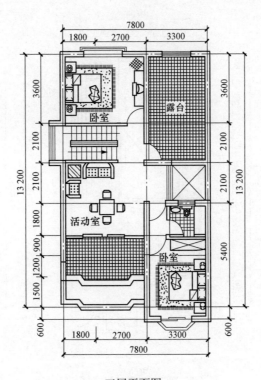

三层平面图

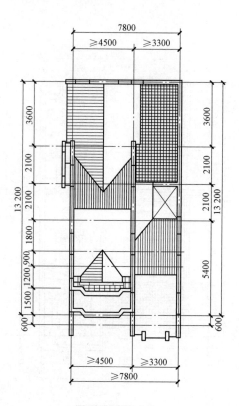

屋顶平面图（1）

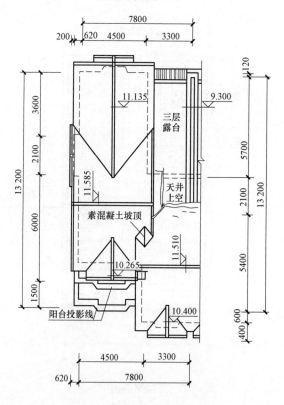

屋顶平面图（2）（用于并联式）

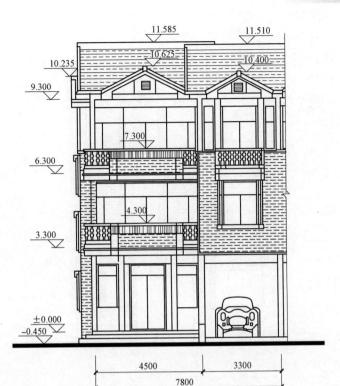

南立面图（1）

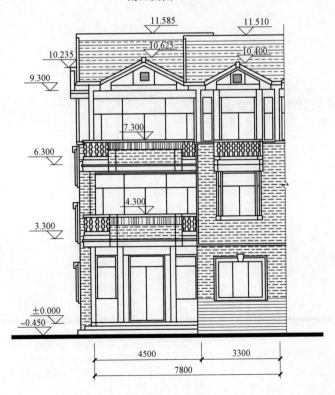

南立面图（2）

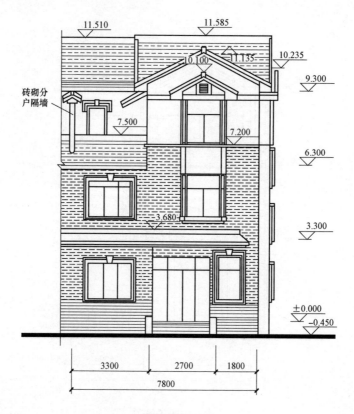

北立面图（1）

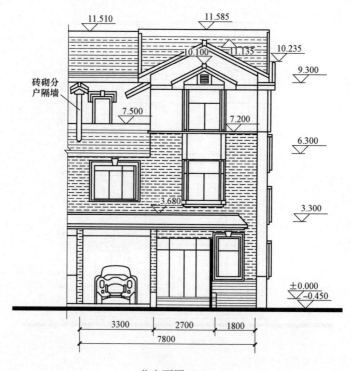

北立面图（2）

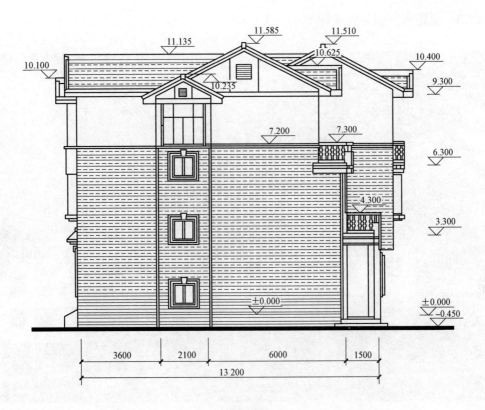

西立面图

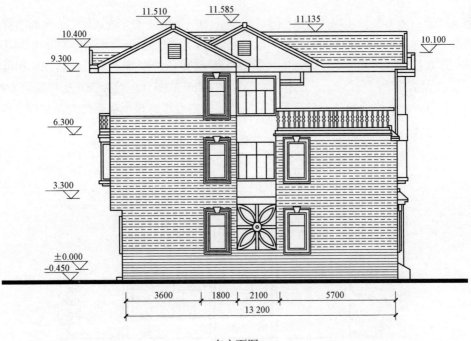

东立面图

4.2.3 福建省三层并联式住宅（三）

透视图

方案特点：本方案位于福建省三明市泰宁县，为三层坡屋顶并联式住宅。平面布置紧凑，功能齐全。把垂直交通的楼梯间布置在平面的北部，只要把二层东北角的卧室改为如同一层的厨房和餐厅，便可以很方便地作为公用厅堂和楼梯间的两代居，具有较好的适应性和可改性。

一层设置了前后门廊，二、三层都有进深达 2.4m 的阳台，可为农户提供晾晒衣被和谷物的场所，适应农家生活和生产的需要。三层北面的露台也可根据需要改为卧室或其他用房。

东立面图

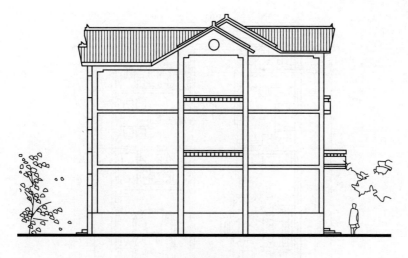

西立面图

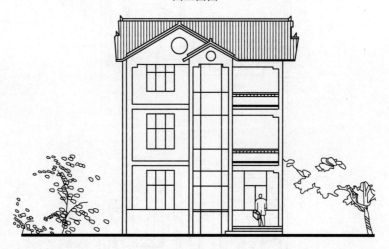

北立面图

南立面图

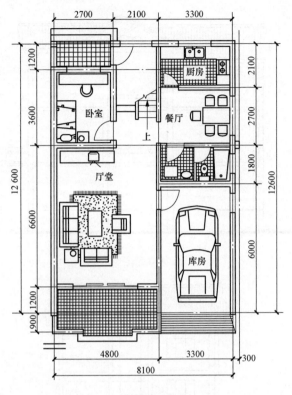

一层平面图

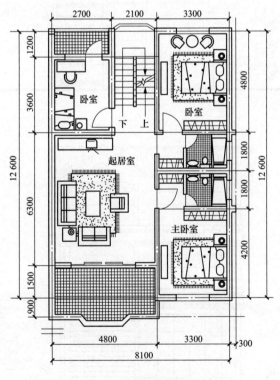

二层平面图

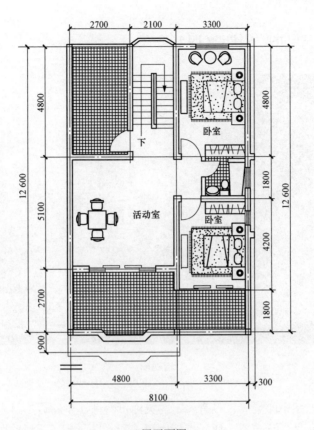

三层平面图

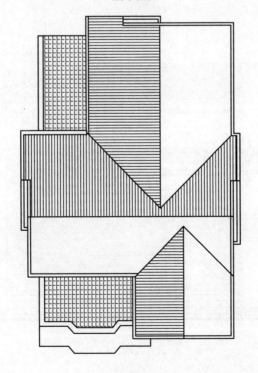

屋顶平面图

4.2.4　福建省三层并联式住宅（四）

透视图

　　方案特点：本方案平面紧凑，且有一定的灵活可变性，车库近期可先用作手工工场、厅或卧室。阳台、露台呈台阶布置，便于遮挡风雨，利于日照。三层活动厅和露台之间设有外廊，尤其适用于南方多雨炎热气候地带的使用。

东立面图（1）

东立面图（2）

南立面图（1）

南立面图（2）

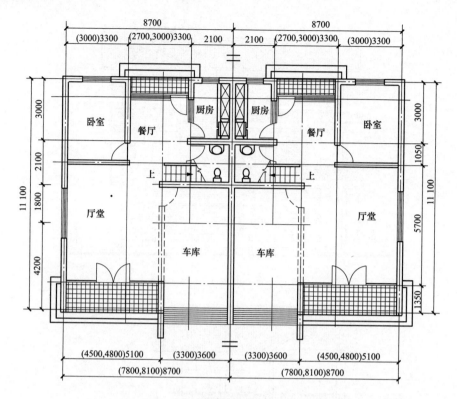

一层平面图（1）

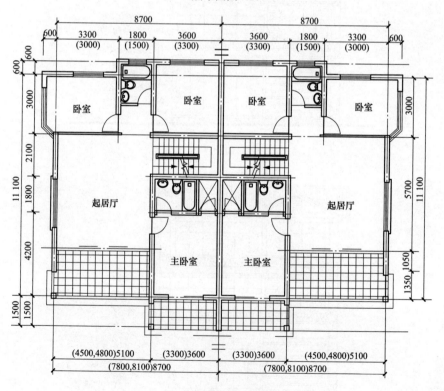

二层平面图（1）

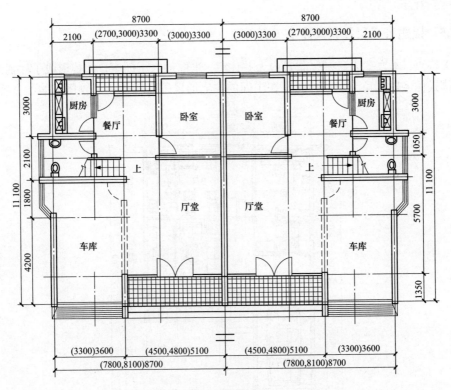

一层平面图（2）

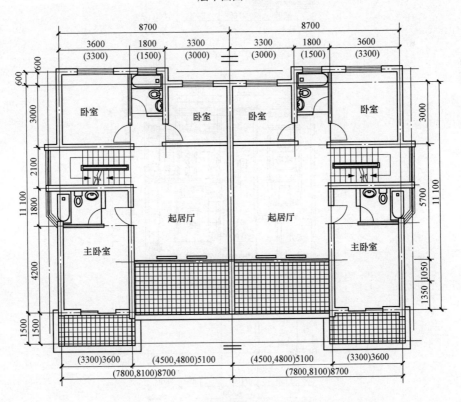

二层平面图（2）

4.2.5 福建省三层并联式住宅（五）

　　方案特点：本方案为三层并联式内天井住宅。平面加大了面宽，使其形成了厅前的庭院，组成联排式住宅时，可克服联排时夹在中间的住宅通风采光较差及其较压抑的不良感觉。

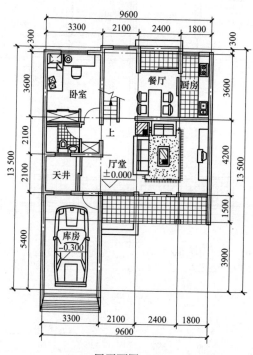

一层平面图（1）

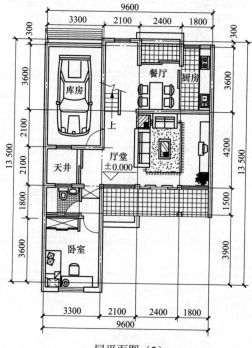

一层平面图（2）

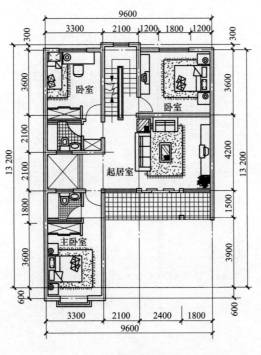

二层平面图

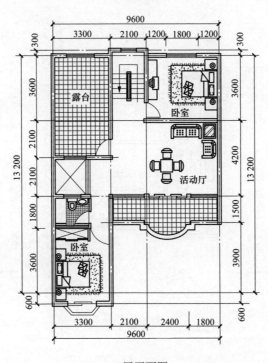

三层平面图

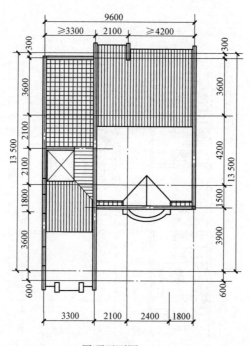

屋顶平面图（1）

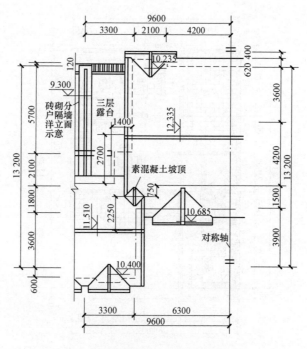

屋顶平面图（2）（用于并联式）

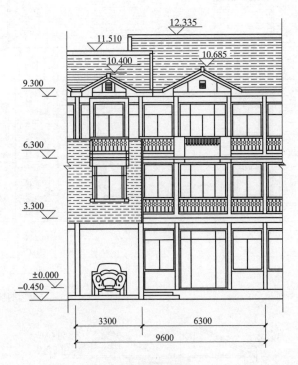

南立面图（1）

南立面图（2）

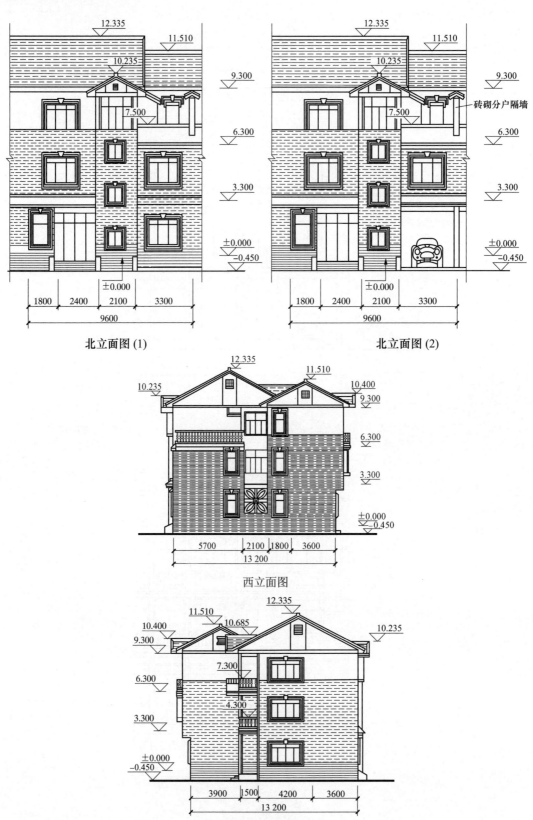

北立面图 (1)

北立面图 (2)

西立面图

东立面图

4.2.6 福建省三层并联式住宅（六）

透视图

方案特点：本方案位于福建省莆田市秀屿区海头村，为两代居住宅，共有 A、B、C 三种户型。

A 户型为共用一层的门廊。一层及二层的一半为老年人居住；二层的一半及三层为年轻人居住。

B 户型为共用一层的门廊。一层为老年人居住；二层为年轻人居住。

C 户型为南、北分开入口。一层由南面入户，为老年人居住；二层由北面入户；二、三层为年轻人居住。

南立面图（1）

南立面图（2）

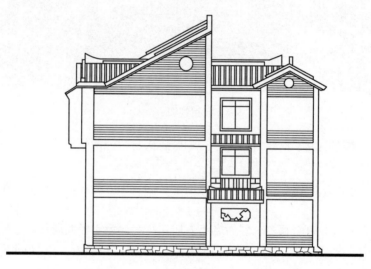

西立面图

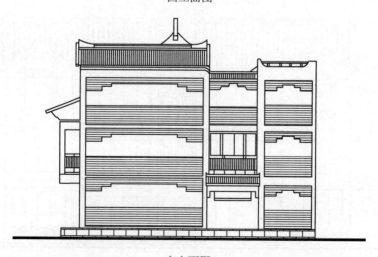

东立面图

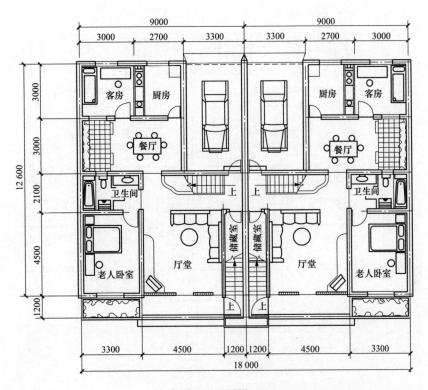

A户型一层平面图（1）

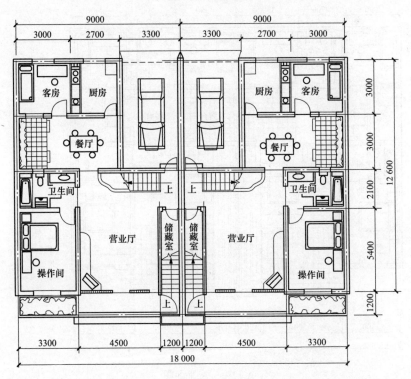

A户型一层平面图（2）

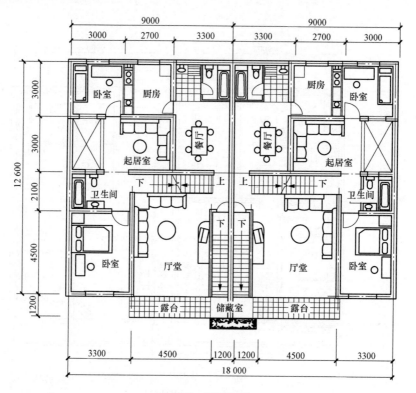

A 户型二层平面图

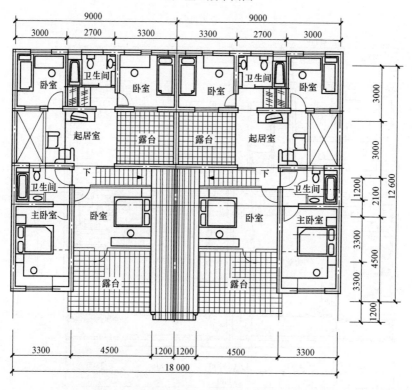

A 户型三层平面图

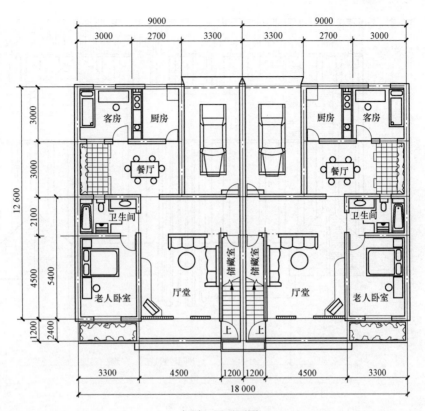

B户型一层平面图

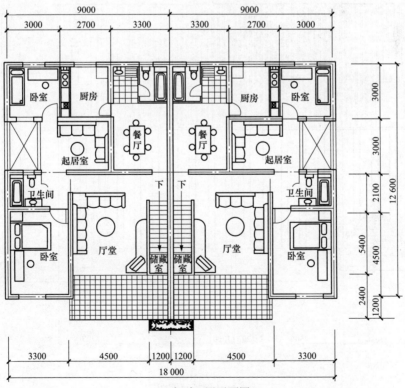

B户型二层平面图

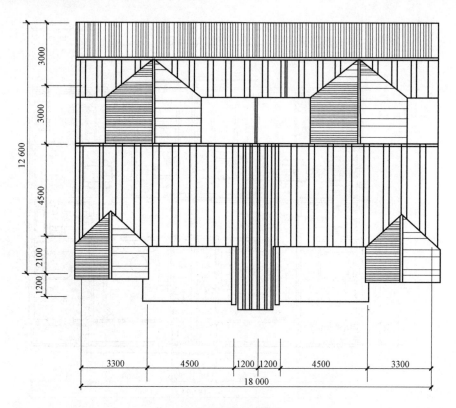

B 户型屋顶平面图

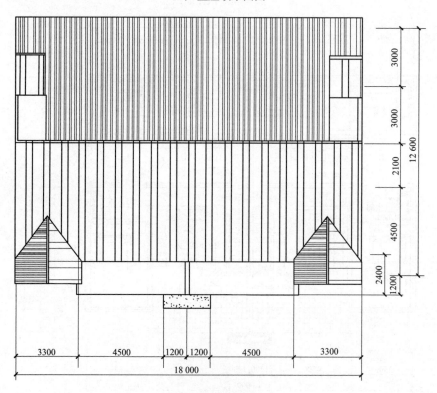

B 户型屋顶平面图

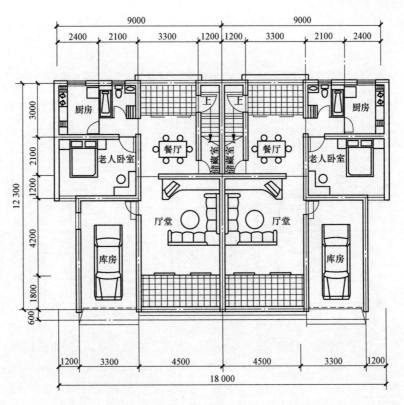

C户型一层平面图（1）

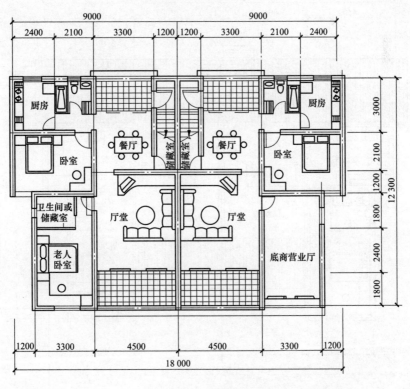

C户型一层平面图（2）

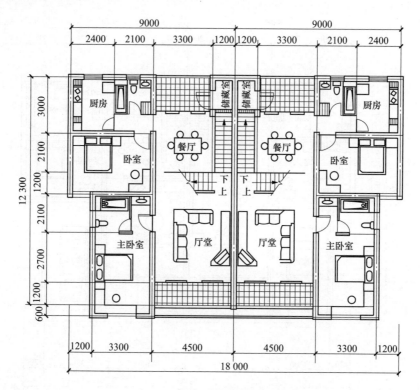

C 户型二层平面图

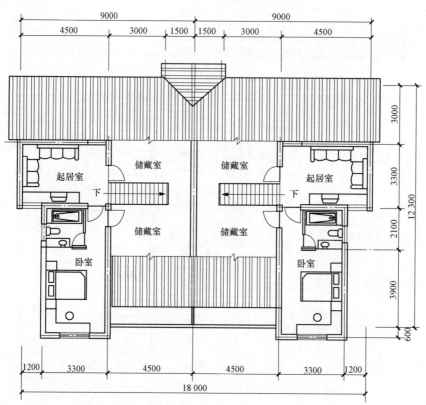

C 户型三层平面图

4.2.7 福建省三层并联式住宅（七）（设计：福建龙岩市春建工程咨询有限公司 洪勇强）

透视图

方案特点：本方案位于福建省龙岩市新罗区铁山镇，为三层并联式内天井住宅。平面布置借鉴传统民居小天井的处理手法，使得所有的功能空间都能获得直接对外的采光和通风，提高了居住质量。屋面采用当地土楼民居常用的歇山顶，使其与传统民居融为一体。

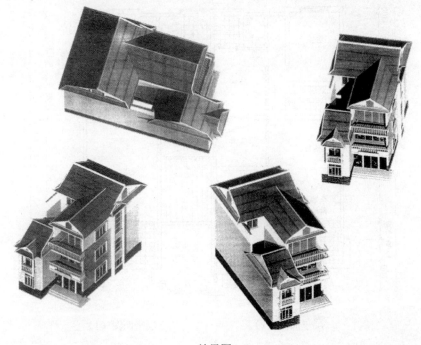

效果图

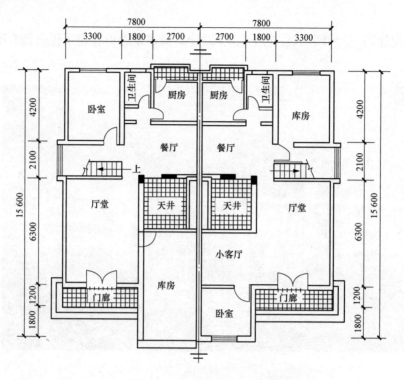

一层平面图（1）　　　　　　一层平面图（2）

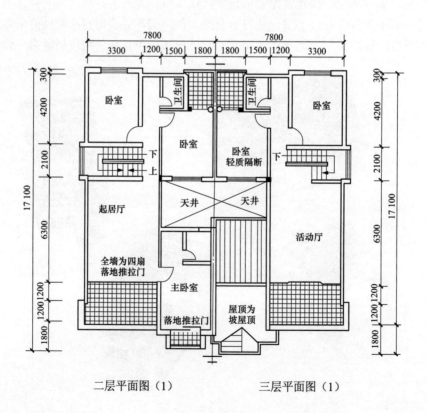

二层平面图（1）　　　　　　三层平面图（1）

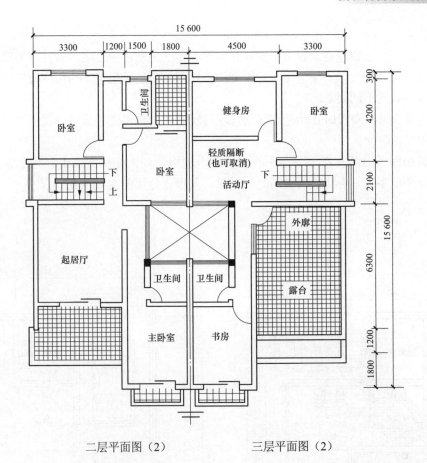

二层平面图（2）　　　　　三层平面图（2）

4.2.8　福建省三层并联式住宅（八）（设计：福建省龙岩市第二建筑设计院　吴广欣）

透视图

方案特点：

（1）本方案位于福建省龙岩市新罗区洋畲村，为三层歇山顶住宅，设计以并联式为主，也可作为独立式。在二、三层平面布置不变的条件下，一层采用了不同车库位置的布置，以适应总平面布置的不同要求。

（2）为确保并联布置时各功能空间均可获得较好的自然采光和通风，采用了内天井的传统民居处理手法。

（3）采用闽西地区土楼屋顶为不收山的歇山顶构造和大面积实墙上开设小窗的处理手法，使得立面造型既具有简洁明快的时代气息，又极具传统的地方风貌。

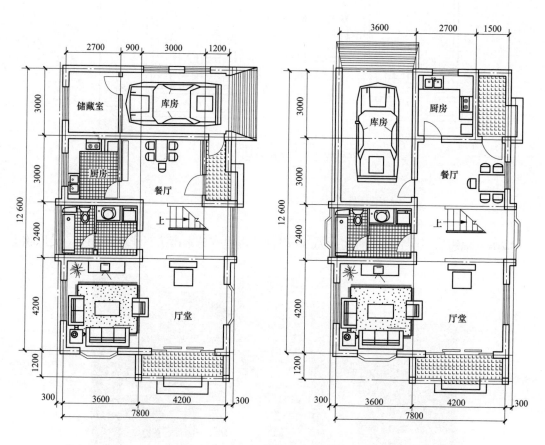

独立式住宅一层平面图（1）　　　　　　独立式住宅一层平面图（2）

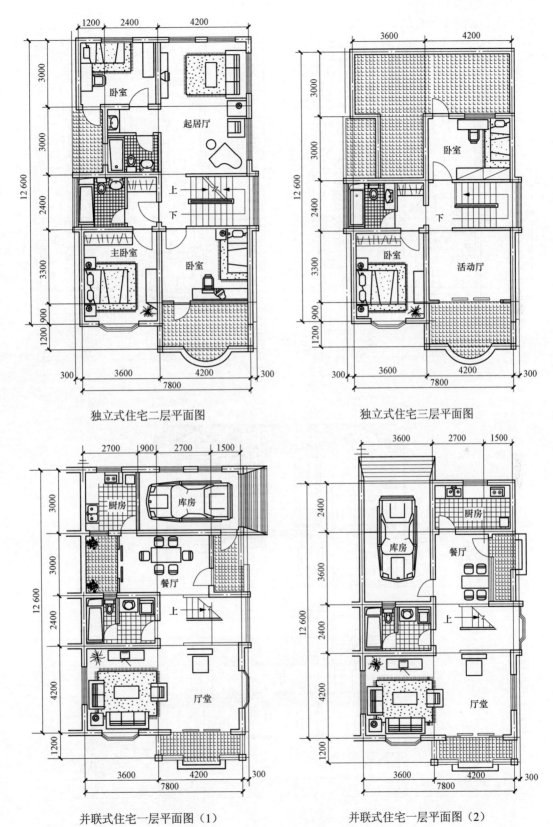

独立式住宅二层平面图

独立式住宅三层平面图

并联式住宅一层平面图（1）

并联式住宅一层平面图（2）

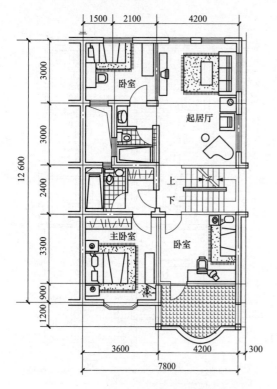

并联式住宅二层平面图

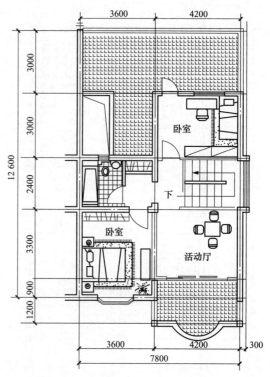

并联式住宅三层平面图

并联式南立面图

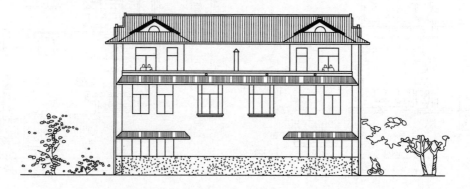

并联式北立面图

独立式南立面图

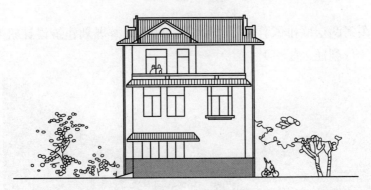

独立式北立面图

独立式东立面图

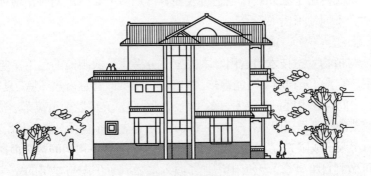

独立式西立面图

5 新农村联排式住宅

5.1 两层联排式住宅

5.1.1 山东省两层联排式住宅（设计：青岛市旅游规划建筑设计研究院 范广明 王卫东 薛刚 孙利任 郑涛）

透视图

方案特点：本方案从"节约用地、节约能源、提高农民居住环境质量"的社会主义新农村建设的重点方面着手，并以"建设农村生态建筑"为出发点，着重从以下几个理念方面进行设计。

1. 节约用地

建筑形式采用联排式，小面宽、大进深，节约土地资源，既克服了近些年来大量出现的一梯两户的多层简单布局不适合现在的农村现状，不适合农民的生活、工作习惯，建筑形式过于单一的缺点，又克服了独立式住宅造价较高、占地多的缺点。同时，两端头户型又可组成双拼户型，适合不同地形需要。

2. 节约能源

（1）太阳能与植物生态技术的运用。本方案充分考虑了太阳能的运用，起居室和主卧室前设置日光温室，冬季白天利用太阳能蓄热，夜晚放出热量改善室内热环境，夏季可形成凉棚，并形成穿堂风；中间设置中庭日光温室，冬季既可以采暖，又可以种植蔬菜增加收入，夏季还可以利用绿色蔬菜的蒸腾作用降温，改善小气候。三层设置种植屋面，夏季利用蒸腾作用降温，冬季可覆盖塑料薄膜形成阳光温室，白天蓄热，夜晚放热改善下层房间热环境，同时一年四季种植蔬菜瓜果可做到自给有余，无形中增加了收入，做到了生态与建筑的完美结合。

（2）沼气技术的运用。本方案各户均设置沼气池，生活污水及家禽粪便均排入沼气池与农作物秸秆混合发酵，产生的沼气可用于做饭、烧水及照明、采暖等，节约了电能、煤炭资源，同时又实现了厨房燃气化，厕所水冲化。发酵产生的废渣、废液又可作为高效有机肥用于农业生产，真正做到了资源的综合利用。

（3）地温空调的运用。利用夏季深层自然地温低于气温的特点，使热空气通过装有卵石的深层地沟放出热量，达到降温的目的。降温后的冷空气经风道送入各房间，改善夏季室内热环境，节约空调电能，达到舒适、节能的目标。

（4）本方案墙体采用粉煤灰砖空斗墙填充麦壳保温措施，屋面采用木檩条、高粱秸承重，麦秸保温，苇箔抹灰，充分利用农副产品，改善了墙体及屋面的保温隔热性能，无形中节约了能源。

3. 提高农民居住环境质量

充分利用农村得天独厚的资源。在建设新农村时从长远出发，重视环境的建设，使农民在劳作之余也可以享受优美的环境及健全的基础设施。同时加强其他娱乐设施的建设，如健身场所、亲子乐园以及休息亭等，改变农民"日出而作，日落而息"的生活习惯，并能进一步加强农村的社会主义精神文明建设。

重视道路的建设，随着农民生活水平的提高，农村道路建设已经不仅仅是为了运输、交通等简单功能而设计，也应该充分考虑道路本身的质量以及道路两旁的景观建设。

4. 建立优越的邻里关系

规划采取南北入口相结合，两栋相邻的住宅之间围合成为一个院落，增加了邻里之间茶余饭后的交流空间，改善邻居之间的关系。

5. 停车

在建筑设计当中，每户均设置一个车位，同时考虑社区内有一个相对集中的室外停车场，便于管理，方便实用。

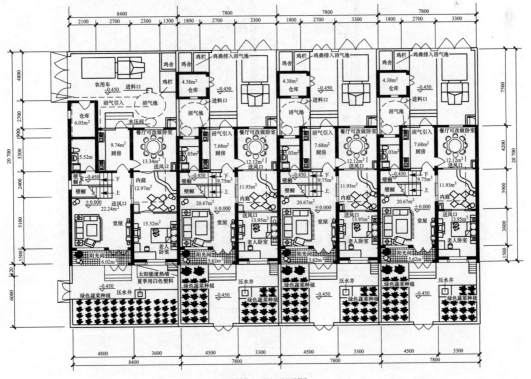

联排一层平面图

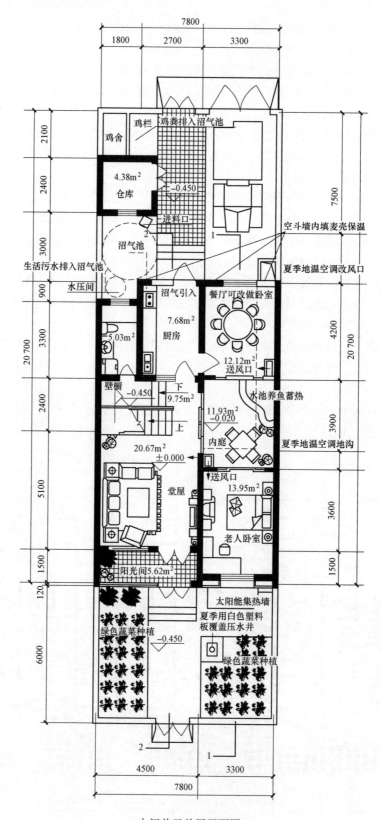

中间单元首层平面图

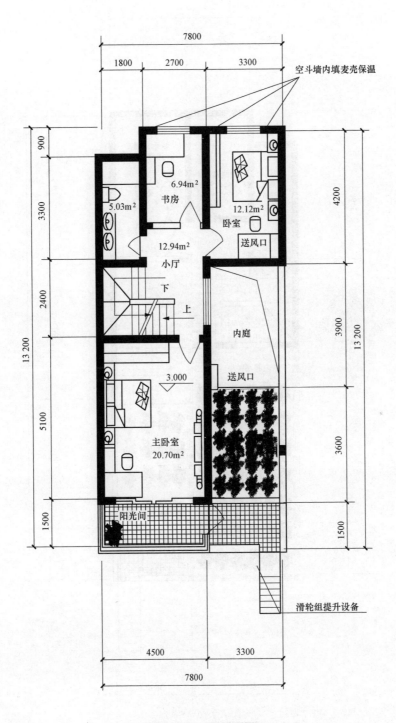

中间单元二层平面图

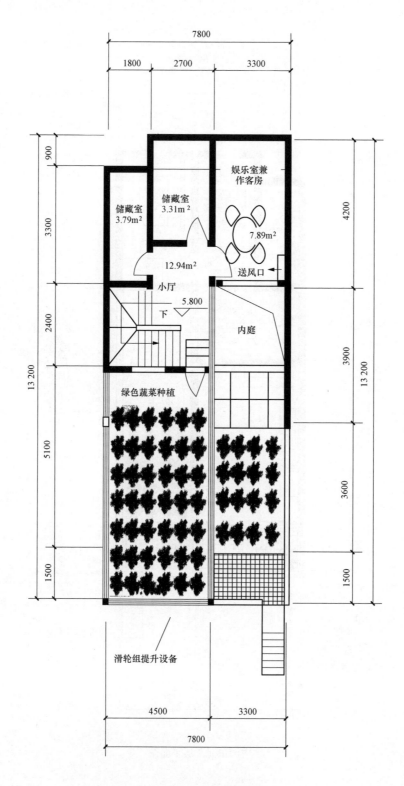

中间单元三层平面图

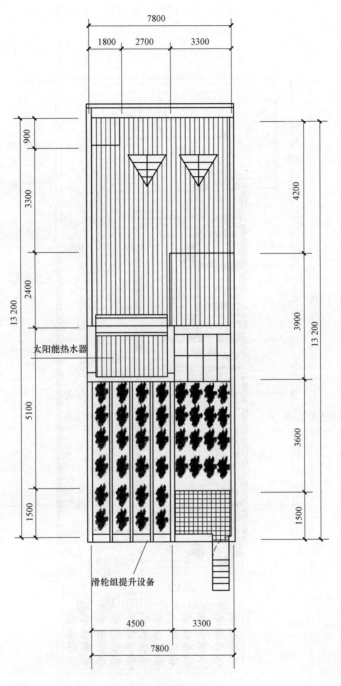

太阳能热水器

滑轮组提升设备

中间单元屋顶平面图

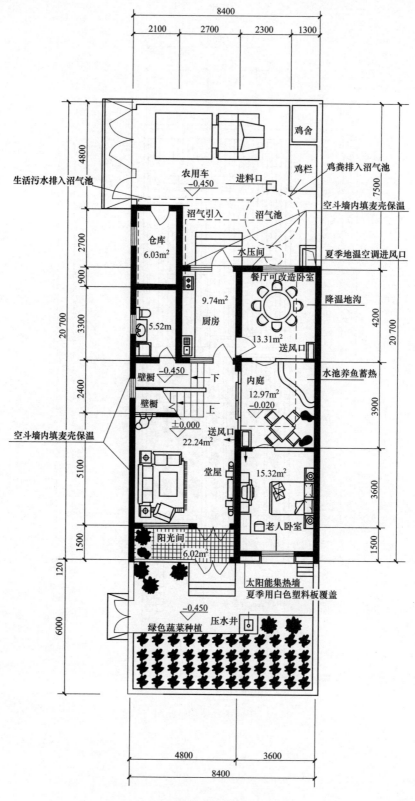

端头单元首层平面图

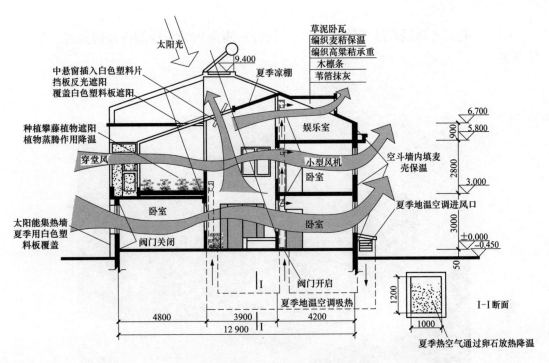

夏季日照通风生态系统分析 1-1 剖面图

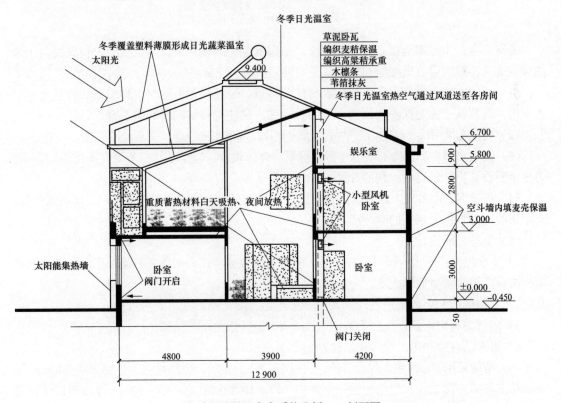

冬季日照通风生态系统分析 1-1 剖面图

5.1.2 山东省两层联排式住宅（二）（设计：青岛市城市规划设计研究院　宿天彬 吴英光）

透视图

方案特点：本方案遵循了"从院到园，从园到家"的设计理念，延续新农村农民与土地的亲近关系，最大限度地接触自然、享受自然。具体如下：

（1）平面布置上结合山东省传统农村院落特点，通过设置内庭院，将阳光和自然景色引入室内，既解决了大进深各房间的采光通风问题，又使得院落的格局趋于合理。

（2）功能分区明确，住宅内部动静、洁污分开。院落布局合理，交通流线便捷，功能完备。

（3）住宅户型布局紧凑、功能齐备；厨卫均分区设计，减少干扰；多用间满足不同需求；力求全明设计更贴近自然；动静分区，厅室方整适度。

（4）在建筑立面处理上，运用传统的民居建筑元素，两坡顶，灰墙蓝瓦，立面高低错落，有浓郁的地方特色及强烈的时代感。

（5）生态节能设计：

1）冬季保温：南北入口皆设有门斗，南向墙体做被动式太阳能集热墙，南向外窗与阳光室相结合，设置新型火墙火坑。

2）太阳能的利用：采用被动式太阳能集热墙、阳光室、太阳能热水器。

3）沼气的利用：两户统一布置沼气池，形成可利用的清洁能源。

4）雨水的有效利用：设置雨水储水器收集雨水。

（6）结构采用 CL 体系，保温、抗震性能好，分割灵活、适应性强。外墙采用 240mm 厚蒸压粉煤灰砖外贴 25mm 厚挤塑泡沫保温板，构造柱等热桥部位外贴 30mm 厚挤塑泡沫保温板。坡屋面及屋面平台采用 30mm 厚挤塑泡沫保温板倒置式屋面。

（7）外墙窗户采用中空玻璃塑钢窗户，设备上自来水、沼气、下水管道集中设置，便器和水具均有节水设备。

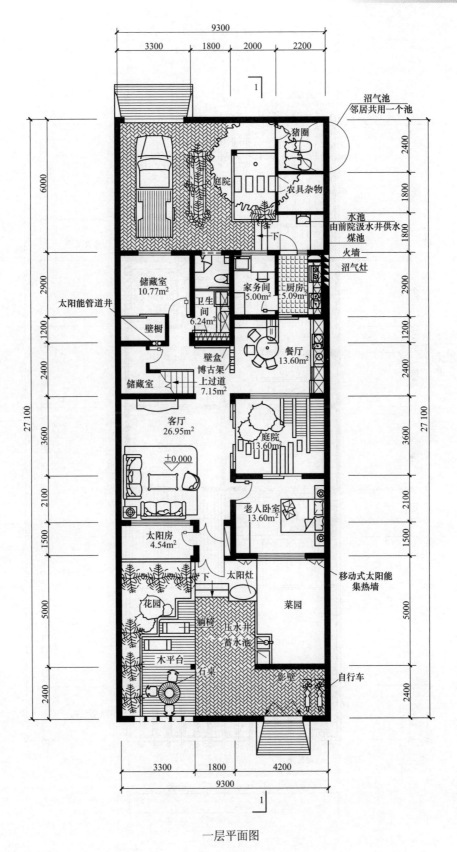

一层平面图

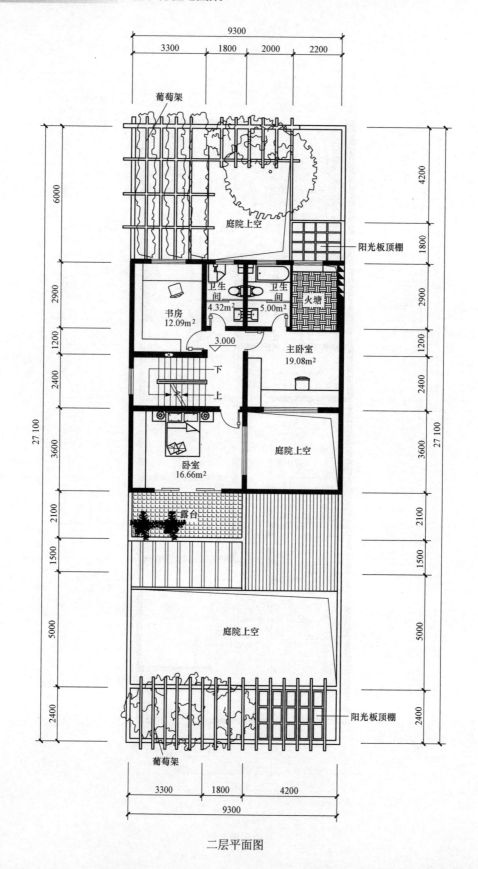

二层平面图

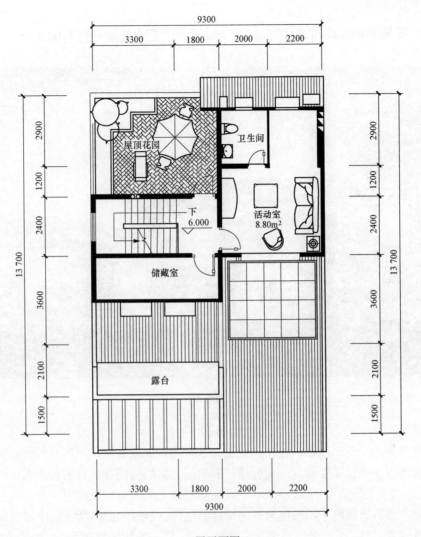

三层平面图

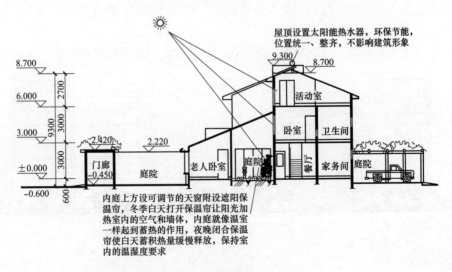

1-1 剖面图

5.1.3　安徽省两层联排式住宅（一）（设计：合肥市建委　许有刚）

透视图

方案特点：

（1）本方案为160m²的农村住宅，一层布置堂屋、老人卧房、厨房及谷物储藏室等，中心处采用徽州民居手法布置天井，使得楼梯和二层北面的房间有良好的自然采光，同时寓意"四水归堂、肥水不外流"；二层布置卧室、起居室、卫生间供家人使用。

（2）住宅前后布置院子，前院为外向型花园院落，后院为服务型院落，可供农产养鸡、养猪以及堆放农机具；二层晒台可供农户晾晒谷物；院内布置沼气池，以解决农产能源问题。

（3）本方案个性鲜明、结构简单、功能合理，可满足不同家庭成员的不同需求，还可以自由拼接，易商品化。

（4）本方案尤其适用于江南夏季较热地区，具有较浓的地方特色和居住气氛。

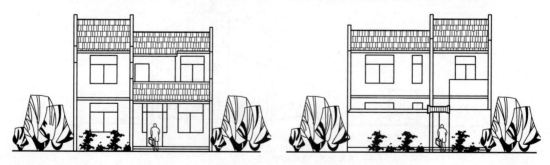

南立面　　　　　　　　　　　　　　　北立面

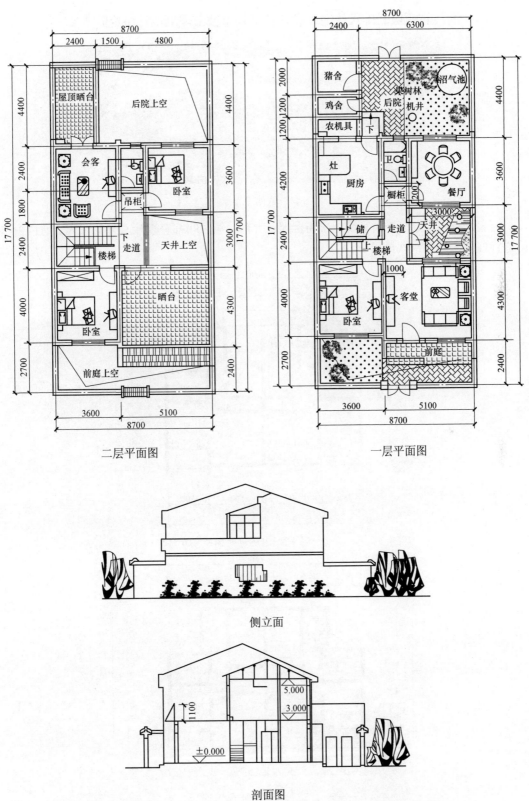

二层平面图

一层平面图

侧立面

剖面图

5.1.4 浙江省两层联排式住宅（设计：湖州市城市规划设计研究院）

透视图

方案特点：本方案平面紧凑、布局合理。所有功能空间都有直接对外的采光、通风窗口，可进行独立、并联或联排组合。

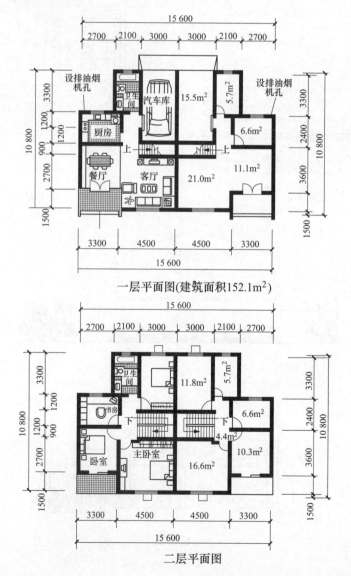

一层平面图(建筑面积152.1m²)

二层平面图

5.1.5　北京市大兴区两层联排式住宅（设计：北京华特建筑设计顾问有限公司　王学军）

透视图

设计说明

1．设计理念

（1）以人为本，以环境为中心，注重居住的舒适性和邻里交往。

（2）空间、功能布局满足北方农村生活习惯及特点。

（3）采用新材料、新技术，实用、经济、节能。

2．构思创意

（1）院落布局。采用"居住区　街坊"两级居住结构模式，每个街坊有16～32户，联排住宅，院落内设邻里交往空间，布置公共绿地、儿童游戏场、健身广场等公共活动场所，增加居民间的联络交流。

（2）内部功能分区。

礼仪部分：包括入口门厅、起居室、餐厅。

交往部分：厨房。

私密部分：卧室、卫生间。

功能部分：洗衣、储藏、地下室。

各部分面积尺度合理适中，空间独立又相互渗透，有机融合。

每间均有充足阳光，卫生间均为明卫，且管线综合布置通过管道并上、下对齐。二楼南侧设阳光室、阳台，北侧设室外平台。

"公私分离""动静分离""洁污分离"，体现现代生活方式。

（3）室外空间分区。

南部的小院布置成绿地花园。

中部的采光通风天井可设置日式枯山水小景观。

北部的院落布置机动车停车位及杂物贮存间，并在入口处运用鹅卵石及松木条等材料，既营造出入口的人性化空间景观，又修饰了地下雨水收集水池。

（4）立面风格。风格简洁、现代，在传统中凸显出新意，现代中见古朴，材料运用仿石砖与涂料相结合，色彩以暖色为主，搭配和谐。

（5）方案实施经济性。

节约土地：每户占地 $200m^2$，总面宽 9.9m，地上两层，局部地下室。

节约能源：屋顶设太阳能装置，满足生活淋浴、盥洗所需热水；院内结合入口景观设雨水收集系统，用于卫生间便池冲洗及绿化浇灌。

3．结构形式做法

结构做法：采用砖混结构形式，墙体采用 240mm 厚多孔砖；外墙外保温采用 60mm 厚水泥聚苯颗粒；瓦屋面卷材防水层。

内墙面：涂料或壁纸（厨房、卫生间为墙砖）。

地面：地砖或木地板。

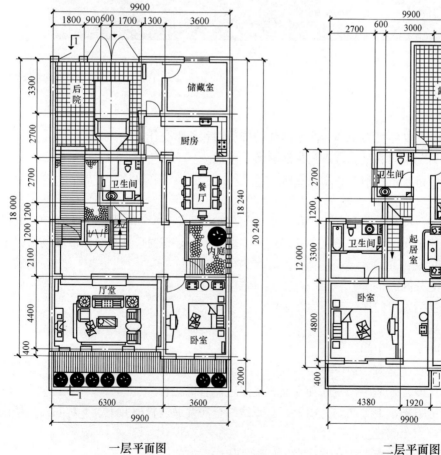

一层平面图

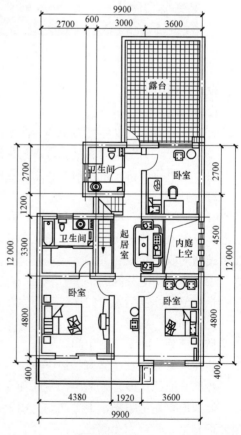

二层平面图

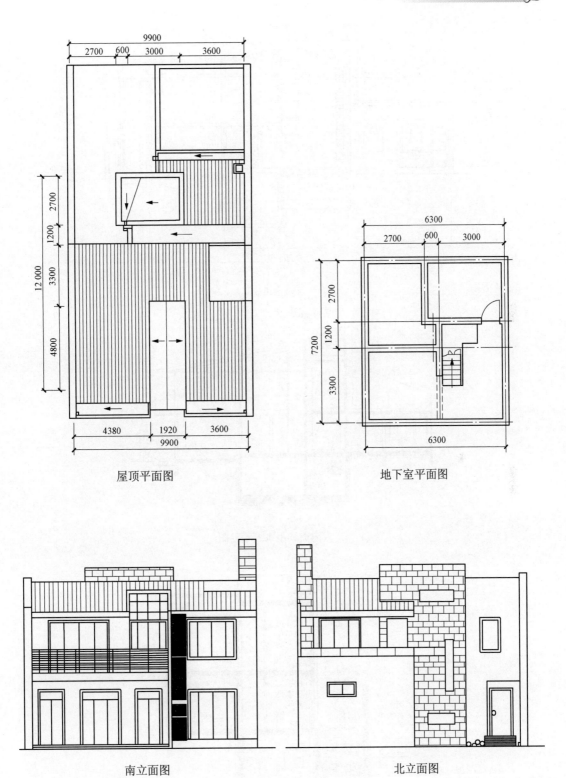

屋顶平面图

地下室平面图

南立面图

北立面图

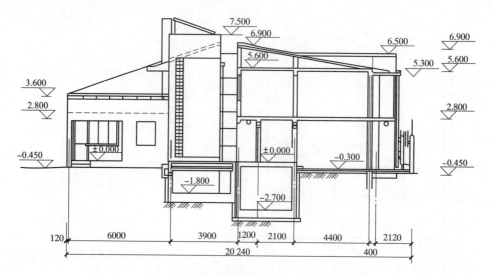

1-1 剖面图

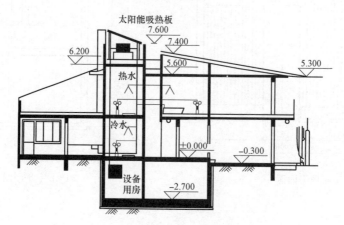

太阳能利用系统示意图

雨水利用循环系统示意图

5.1.6　江苏省两层联排式住宅（设计：江阴市建筑设计研究院　荣朝晖）

透视图

设计说明

1. 构思

江南民居有着悠久的历史文化传统，白墙青瓦，庭院深深，石板小路，水街纵横，充满着清新素雅的水乡特点。设计中力求将古朴、清新素雅的韵味融入方案内，同时希望将这里人们的生活模式保留下来。

2. 空间的组织

农村的住户大都注重人际关系的交往，因此比较重视厅、堂这种开放性的空间安排设计，不强调其私密性，但常见的那种从正面直接进入厅堂的方式过于直接，空间没有过渡，因此入口设在厅内的底部一侧，使它有一个较为完整的使用空间。底层南面各留有两个小院，一个在入口处，另一个在老人卧室前面，加强老人与室外的联系。平面的中心设计了一口水井，保留了农村喜欢用井水的习惯。楼梯在天井中，成为联系上下层空间的重要部分。在不太亮的天井中，光线从玻璃顶上泻进来，妇人在水井旁洗衣、淘米，老人坐在椅子上看书休息，看着楼上楼下跑动嬉戏的孩子，生活的情趣无处不在。二楼主要是卧室，并有一小书房，每个卧室南面都有一个阳台或平台。

3. 造型设计

小住宅的外部形象设计力求清新雅致，整个建筑呈十字形，舒展平缓的坡顶既关切又贴近自然，入口处以一段檐口来作强调。

材料选用传统的江南水乡的白墙青瓦，细部做了精心处理，以深灰色的线条润饰整个立面，白色面砖的贴法也进行了详细的设计。

青灰色机平瓦

青灰色波平瓦

白色面砖

青灰色面砖

联排南立面图

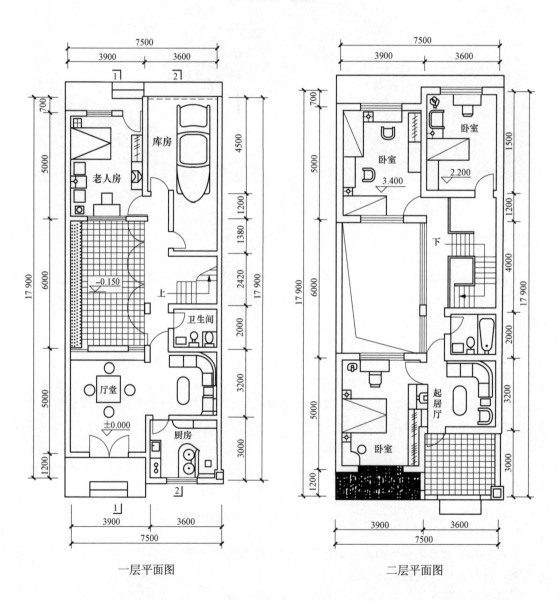

一层平面图

二层平面图

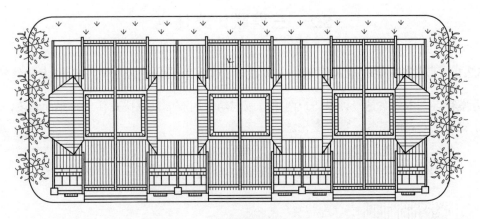

屋顶平面图

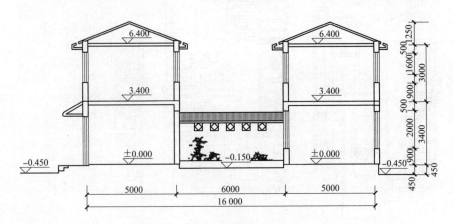

1-1 剖面图

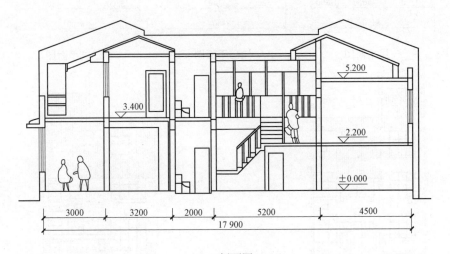

2-2 剖面图

5.2 三层联排式住宅

5.2.1 江苏省三层联排式住宅（一）（设计：中环联股份有限公司 天津大学建筑系）

方案特点：本方案是一种以一户两层、三层结合的双坡顶联排式住宅。平面紧凑，功能齐全。立面造型高低错落，富于变化。

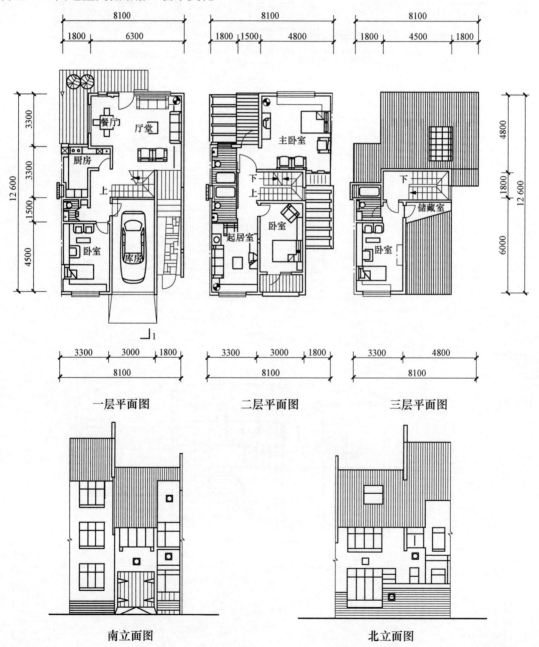

一层平面图　　　　　　二层平面图　　　　　　三层平面图

南立面图　　　　　　　　　　　北立面图

组合南立面图

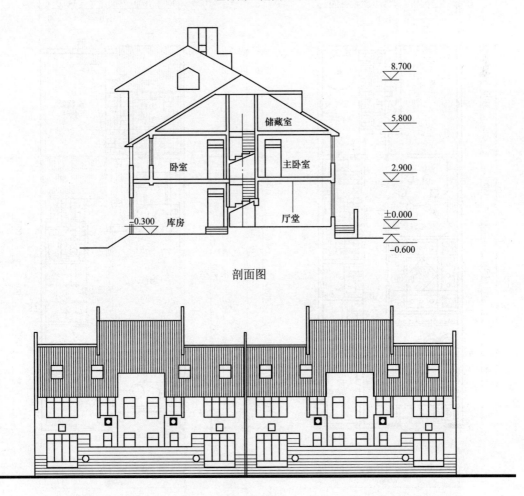

剖面图

组合北立面图

5.2.2 江苏省三层联排式住宅（二）（设计：无锡市建筑设计研究院 费曦强）

方案特点：本方案是以一户两层、三层结合，带内庭院作为基本单元的坡屋顶联排式住宅。由于平面布置采用设置内庭院的方法，确保在进行小面宽、大进深的基本单元平面布置时，所有功能空间都能做到直接对外采光和通风。立面造型高低错落，富于变化。

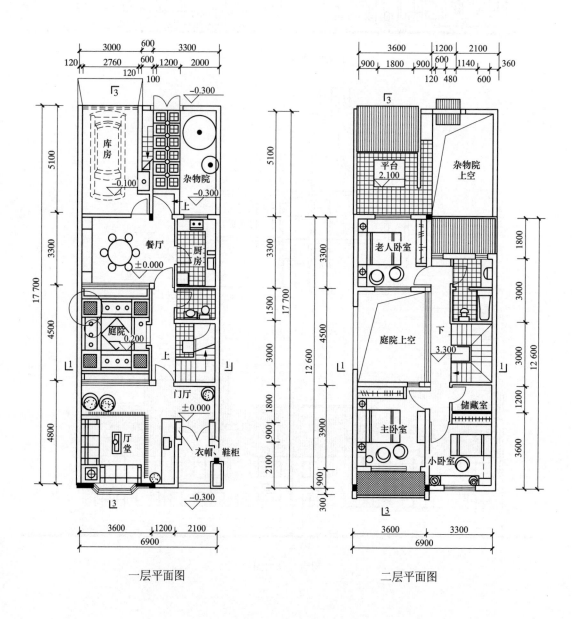

一层平面图　　　　　　　　　　二层平面图

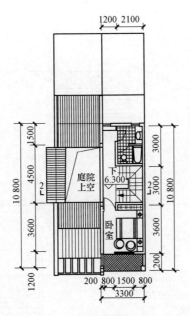

三层平面图

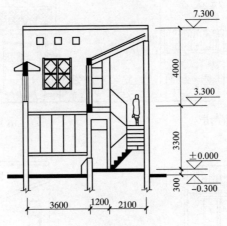

1-1 剖面图

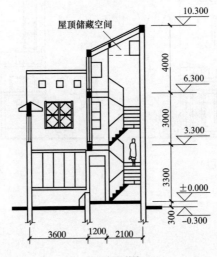

2-2 部面图

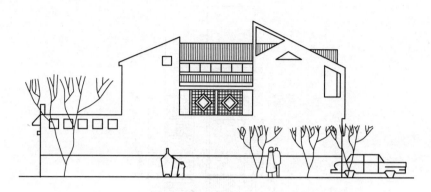

西立面图（两层）

北立面图(两层)　　　　　　　　南立面图(两层)

南立面图（三层）　　　　　　　　北立面图（三层）

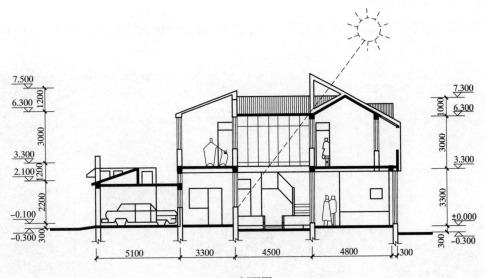

3-3 剖面图

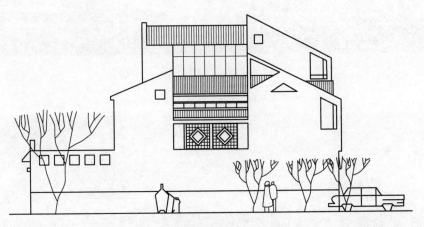

西立面图（三层）

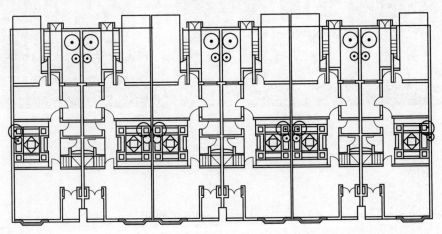

组合平面图

5.2.3　福建省三层联排式住宅（一）（设计：厦门建筑设计院有限公司　王向晖）

透视图（1）

透视图（2）

设计说明

1．方案特点

本方案以武夷山某村镇为背景，充分考虑新时代农民对新生活的追求，从现代生活需要出发，结合地方村镇的风格，设计小面宽、大进深住宅布局；创造功能齐全、布局合理、节约土地、多样灵活的高质量生活空间。

建筑单体采用两户单元拼接形式，南北朝向。一层为公共活动空间，二、三层为家庭生活起居空间，楼上、楼下动静分区，使用方便。

　　设有小天井，既改善大进深住宅内部的通风采光，又增添了内部空间的情趣，借鉴了中国传统民居空间模式。

　　2．平面布局

　　平面规整，面宽小、进深大，有利于节约土地，具有经济性和实用性。

　　楼梯间相对独立、便于农村分户生活。

　　为适应农村经济发展的特点，住宅设置停车库，既可用于贮藏农具、谷物等或作为农村家庭手工业的工场，又可存放农用车和小汽车，可适应可持续发展的需要。

　　3．建筑造型

　　充分适应地域特色，立面造型富有武夷山地方乡村建筑风格。

　　使用当地建筑材料，承袭并发展地方建筑风格。

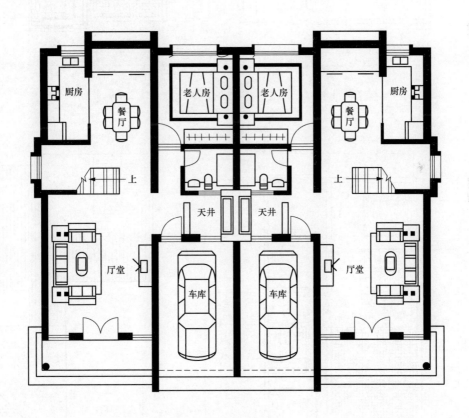

组合平面图

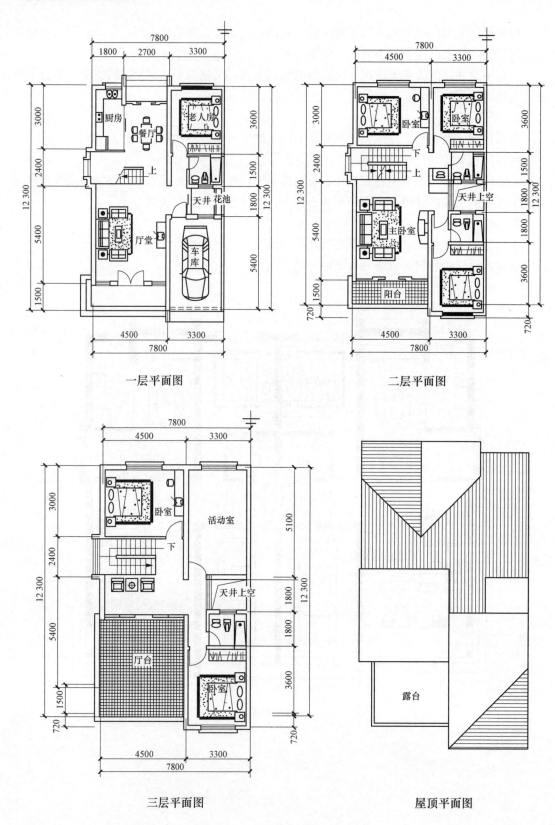

一层平面图

二层平面图

三层平面图

屋顶平面图

南立面图

北立面图

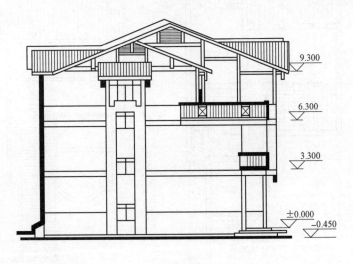

西立面图

5.2.4　福建省三层联排式住宅（二）（设计：华新工程顾问国际有限公司　康菁）

方案特点：本方案位于福建省闽侯县青口镇。平面采用层层后退的台阶式布置，使得庭院避免产生过于压抑的感觉。

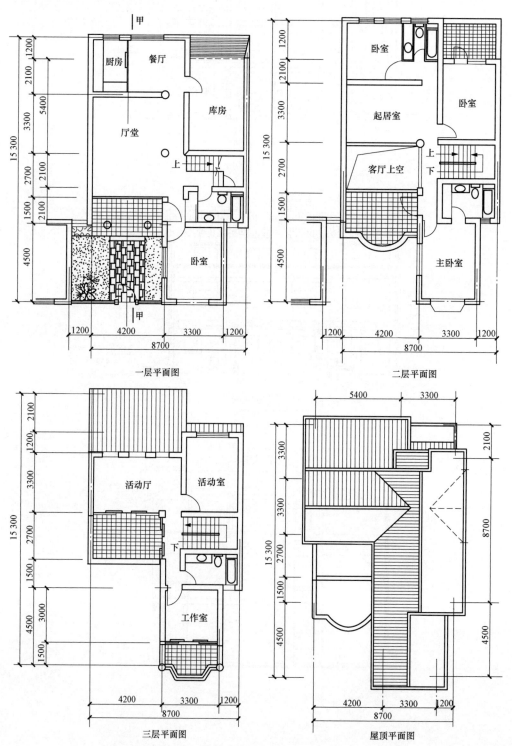

一层平面图

二层平面图

三层平面图

屋顶平面图

南立面图

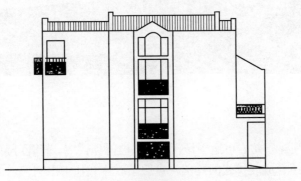

东立面图

西立面图

北立面图

5.2.5 福建省三层联排式住宅（三）（设计：福建省龙岩市第二建筑设计院 杜华）

实景图

方案特点：

（1）本方案位于福建省龙岩市适中镇，为三层坡屋顶住宅。其既可自行单独组成联排式，也可与其他方案共同组合成联排式的院落，克服了联排式住宅中间住户面宽较窄而造成个别功能空间采光通风效果较差的缺点，深受广大农民群众的欢迎。

（2）在平面布置中，同样的平面形状，可根据总平面布置的要求和农户的需求，变化车库的位置，但厅堂一定要保持在南向的主要位置，以强调厅堂在农村住宅中的重要作用。

（3）平面组织紧凑，功能合理，进深达 2.4m 的阳台和三层的露台都为南方农村住户提供了户外活动的空间。

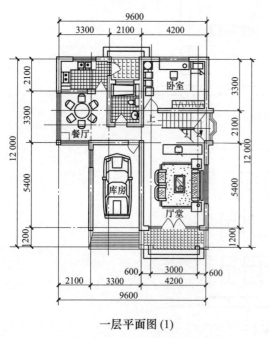

一层平面图（1）

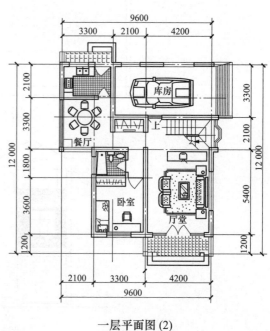

一层平面图（2）

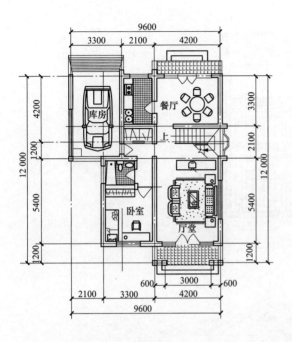

一层平面图（3）

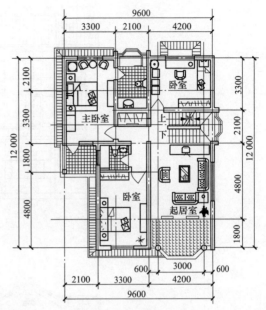

二层平面图

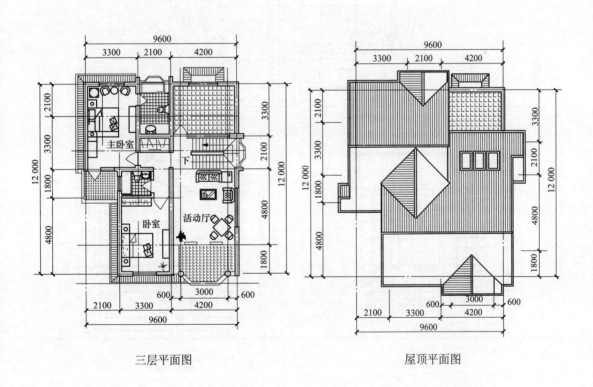

三层平面图

屋顶平面图

南立面图

东立面图

北立面图　　　　　　　　西立面图

5.2.6 福建省三层联排式住宅（四）（设计：福建省龙岩市第二建筑设计院 杜华）

实景图

方案特点：

（1）本方案位于福建省龙岩市适中镇，为三层坡屋顶住宅。其既可自行单独组成联排式，也可与其他方案共同组合成联排式的院落。

（2）在平面布置中，采用同样的平面形状，一层平面布置车库在南和在北的两种模式，可供总面布置时选择。

（3）强调厅堂在农村住宅的重要作用，以厅堂为中心组织，各住宅功能空间布置紧凑，功能合理。

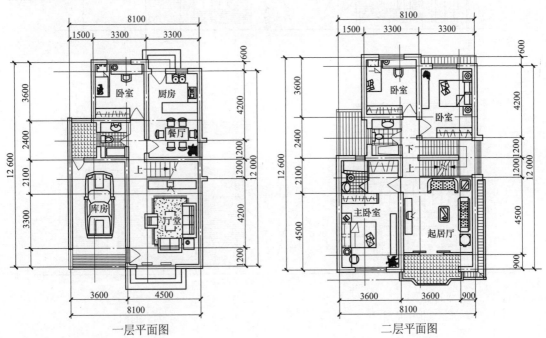

一层平面图　　　　　　　　　　二层平面图

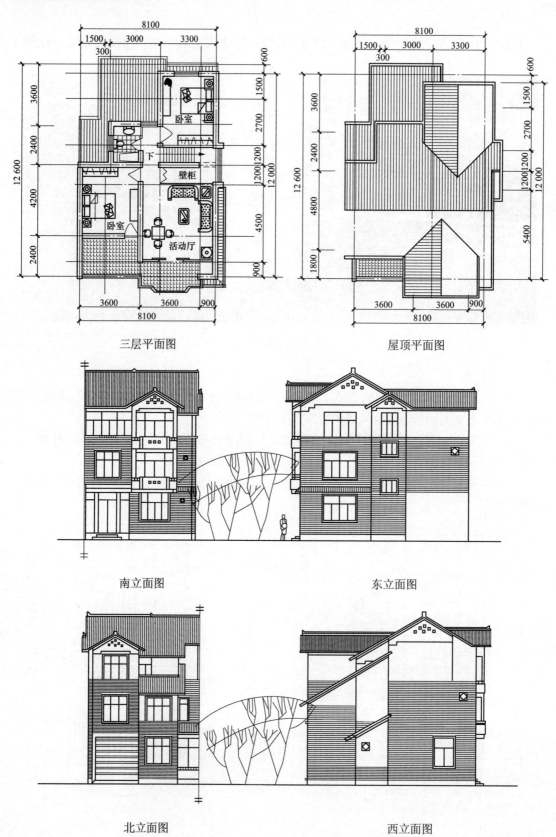

三层平面图

屋顶平面图

南立面图

东立面图

北立面图

西立面图

5.2.7　浙江省三层联排式住宅（设计：浙江工业大学建筑系　宋绍杭　谢榕　潘丽春）

　　方案特点：本方案为三层联排式内天井住宅，平面布置在吸收传统民居的天井处理手法上进行了有益的探讨，使得各主要的功能空间都获得较好的采光和自然通风，适应当地气候条件的要求。

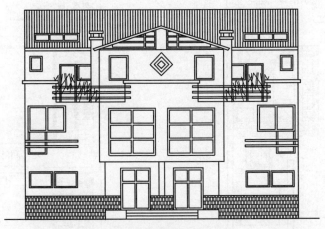

并联组合南立面图

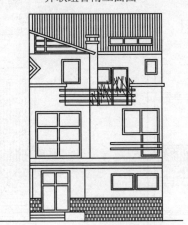

南立面图

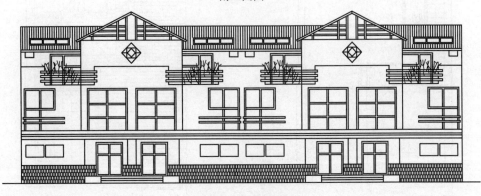

联排式组合南立面图

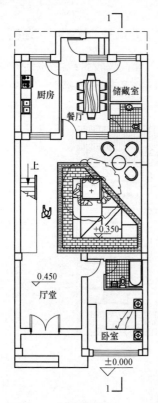

一层平面图

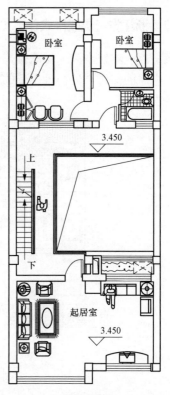

二层平面图

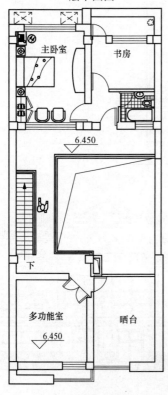

三层平面图

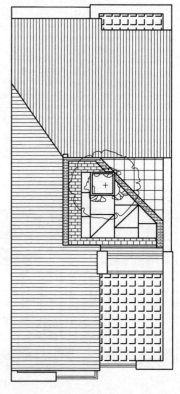

屋顶平面图

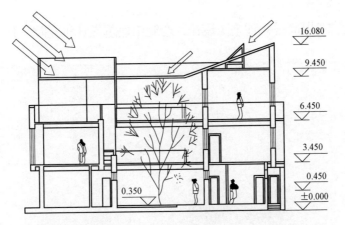

1-1 部面图（采光示意）

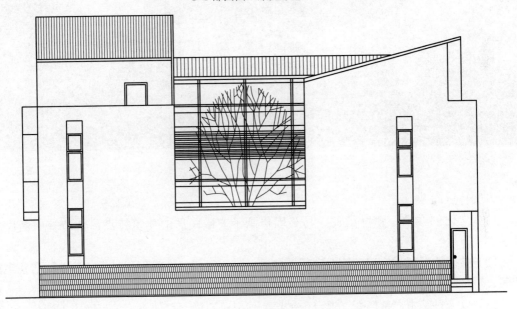

东立面图

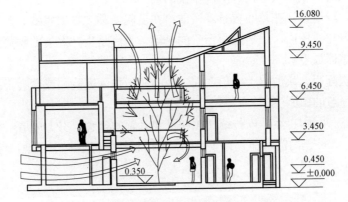

1-1 剖面图（通风示意）

5.2.8　安徽省三层联排式住宅（设计：合肥市建筑设计研究院　孙波　张庆宇）

透视图

方案特点：

（1）文化的继承。粉壁黛瓦、马头墙传承了安徽民居的建筑特点，营造皖中新民居特色。

（2）技术的发展与应用。充分利用新能源、三格式沼气池等现代技术，解决民居住宅的能源、卫生等生活问题，营造新农村新生活方式。

（3）以一种基本户型衍变（退台、加层）成三种不同面积的户型，可适应不同住户及住户改扩建需要，从而形成鳞次栉比、层次丰富的民居村落。

（4）在前院，以树木、花草布置景观民居；在后院，独立设置家禽养殖处，形成安静、卫生的环境。街景衬托民居，民居成为街景的延续。为满足生产发展的需要，在后庭中布置了汽车及农用器械停放点。

（5）院落层次分明。或忙碌于山川之间，或品茗于休闲庭院，或聚会于温暖厅堂、营造了卫生、安静、惬意的田园生活。

（6）源于自然、回归自然。以传统文化和景观庭院的理念，努力创造一个新时代的绿色新民居。考虑住户改扩建的需求而预留了空间，采用新技术但取材于当地，有效降低了造价，引导住户形成皖中新民居。

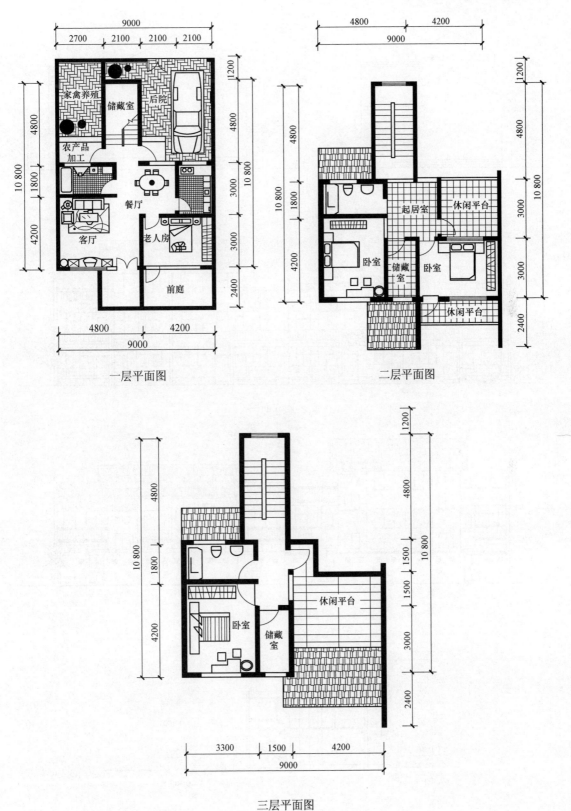

一层平面图

二层平面图

三层平面图

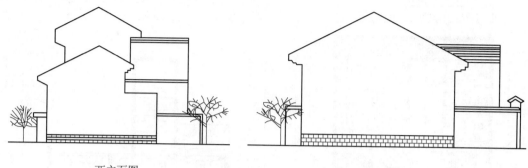

西立面图   东立面图

组合南立面图

组合北立面图

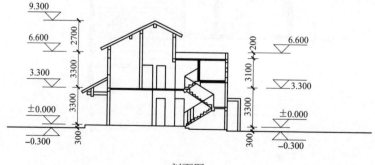

剖面图

5.2.9 广西壮族自治区三层联排式住宅（设计：北海城市设计事务所）

方案特点：

（1）本方案位于广西壮族自治区北海市，为联排式平坡顶结合的三层住宅。

（2）方案设计了 A、B 两种形式，A 户型车库在南，B 户型车库在北，为总平面布置的交通组织创造了方便的条件。

（3）平面布置较为紧凑，联排组合也有较大的灵活性。

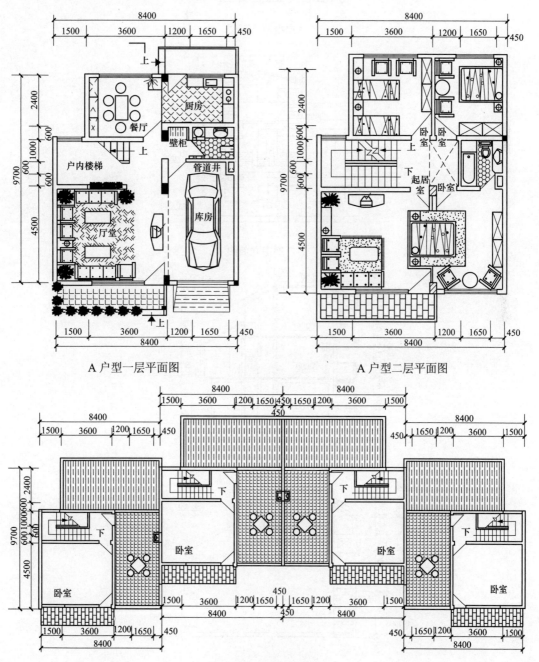

A 户型一层平面图　　　　　　　　A 户型二层平面图

A 户型三层组合平面图

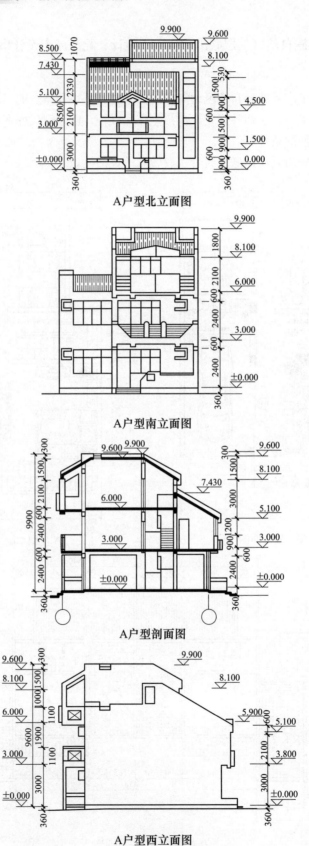

A户型北立面图

A户型南立面图

A户型剖面图

A户型西立面图

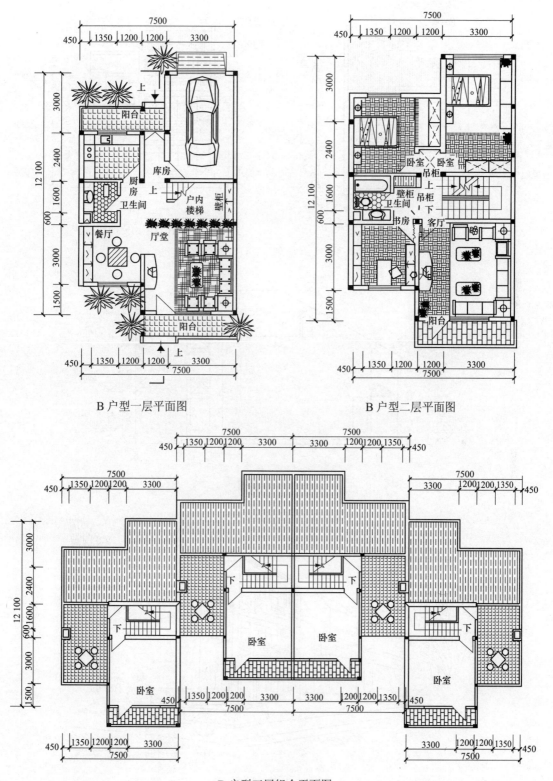

B 户型一层平面图

B 户型二层平面图

B 户型三层组合平面图

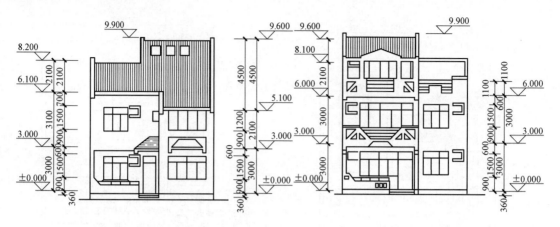

B 户型北立面图   B 户型南立面图

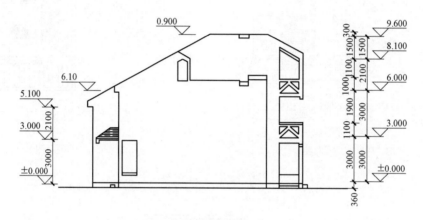

B 户型西立面图

B 户型透视图

5.2.10 湖南省三层联排式住宅（设计：湖南省城乡规划设计咨询中心）

方案特点：

（1）本方案为联排式三层坡屋顶住宅。方案设计考虑到农村经济的发展，为发展"农家乐"和"乡村游"创造条件，特设置了直接通往二层的室外楼梯，相对分隔，利于管理。以居中的堂屋作为中心，对各功能空间进行有机组织，充分展现了农村住宅的厅堂文化和庭院文化。

（2）厨房居于前院，便于农户对前院的管理，通过餐厅与后院的联系，使前、后院不仅功能明确，而且与建筑有着极为密切的联系。

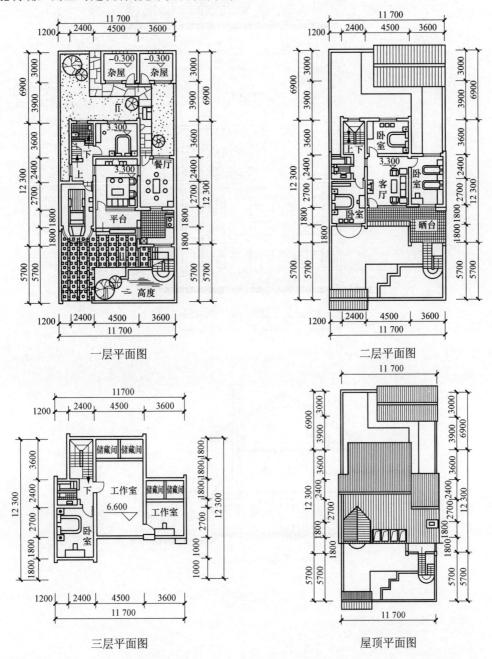

一层平面图　　　　　　　　　　　二层平面图

三层平面图　　　　　　　　　　　屋顶平面图

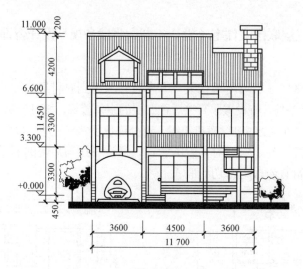

南立面图

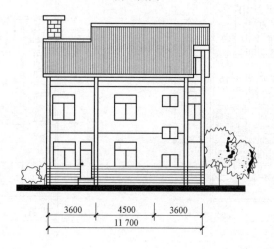

北立面图

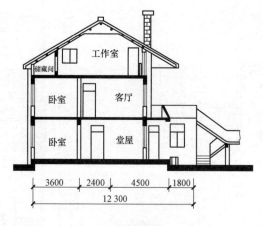

1-1 剖面图

6 多层庭院住宅

6.1 底商住宅

6.1.1 福建省龙岩市适中镇民俗街底商住宅

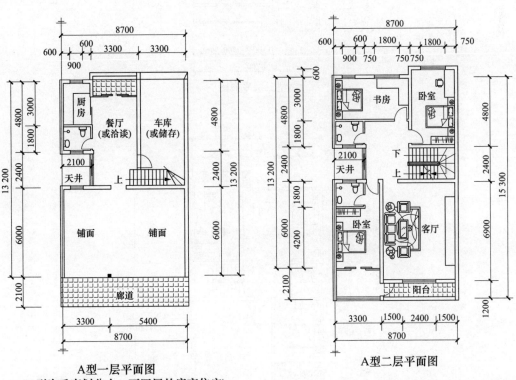

A型一层平面图
(A型为垂直划分上、下四层的底商住宅)

A型二层平面图

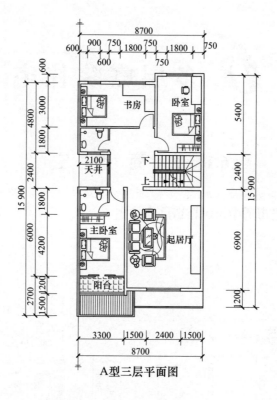

A型三层平面图

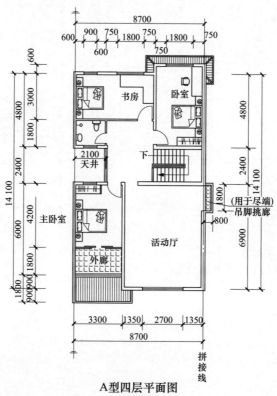

A型四层平面图

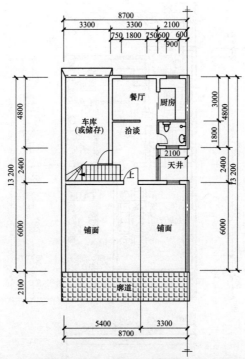

B型一层平面图(B型仅用于中间连接单元的垂直划分上、
下四层的底商住宅，当降为三层楼时，三层平面
取消，四层平面改为三层平面)

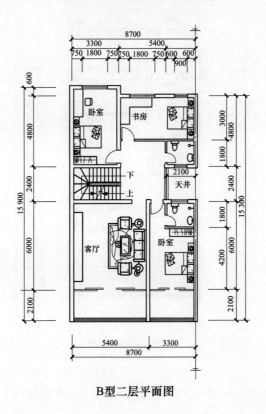

B型二层平面图

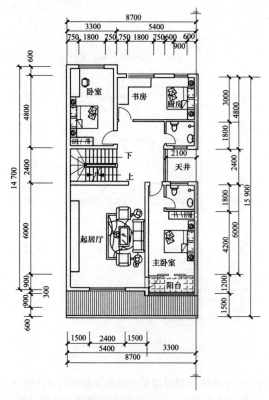

B 型三层平面图（仅为三层楼时，此层平面取消）

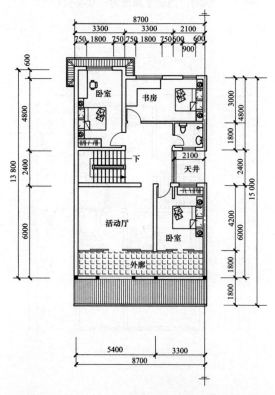

B 型四层平面图（仅为三层楼时，四层平面改为三层平面）

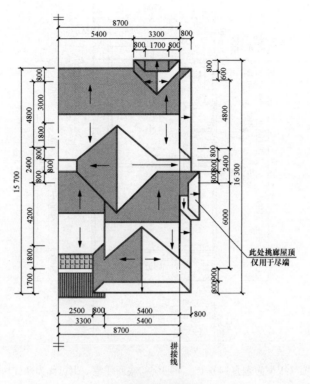

A 型屋顶平面图

此处挑廊屋顶
仅用于尽端

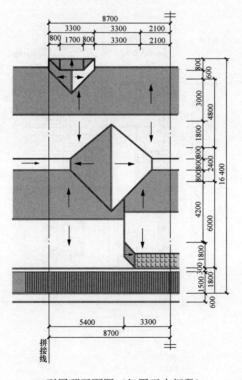

B 型屋顶平面图（仅用于中间段）

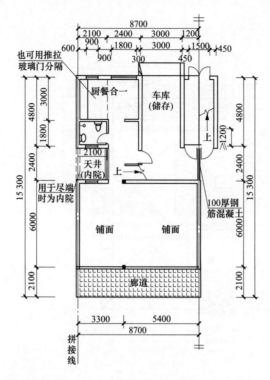

甲型一层平面图（甲型为垂直划分上、下四层的底商住宅，也可作为两代居住底商住宅）

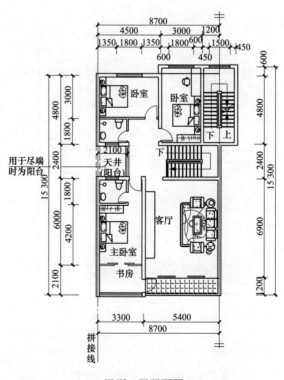

甲型二层平面图

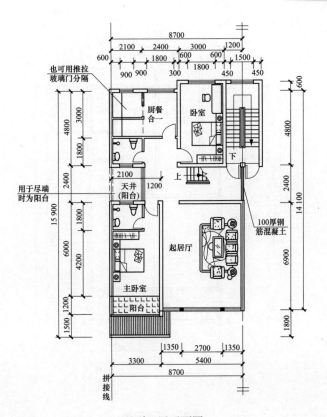

甲型三层平面图

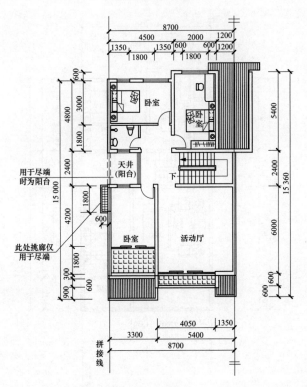

甲型四层平面图

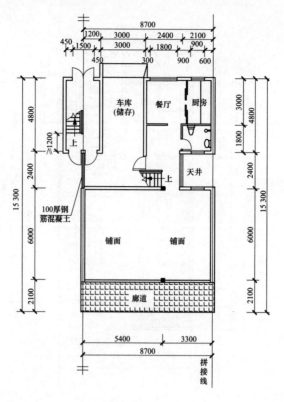

乙型一层平面图

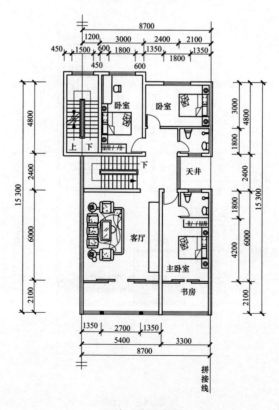

乙型二层平面图

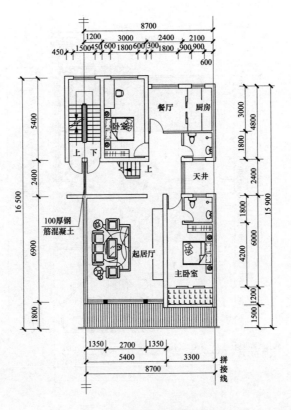

乙型三层平面图

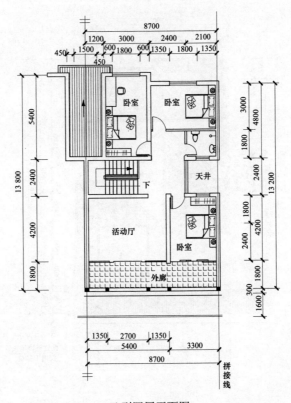

乙型四屋平面图

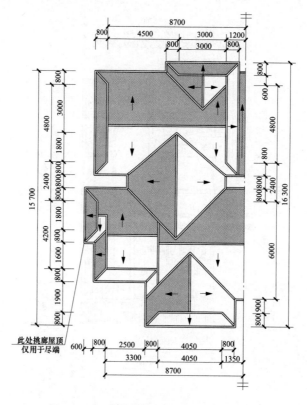

甲型屋顶平面图

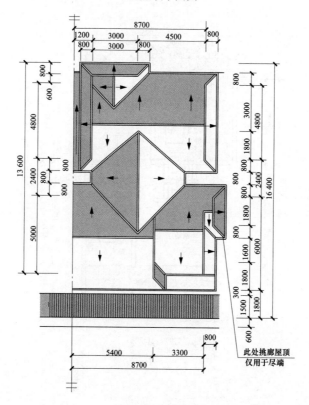

乙型屋顶平面图

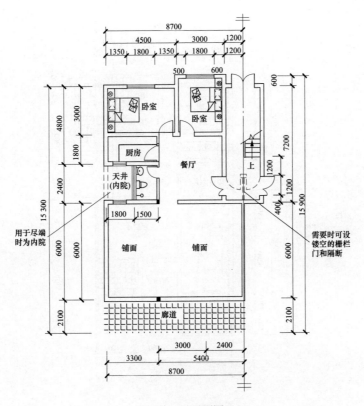

Ⅰ型一层平面图

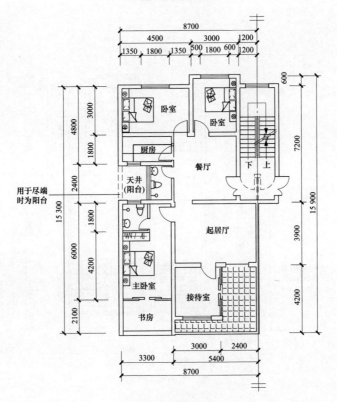

Ⅰ型二层平面图

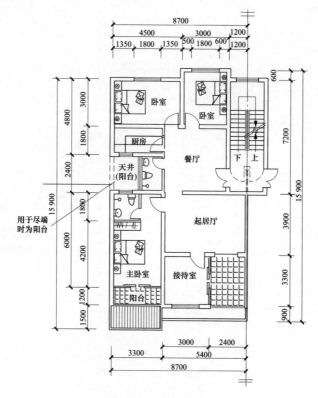

I 型三层平面图

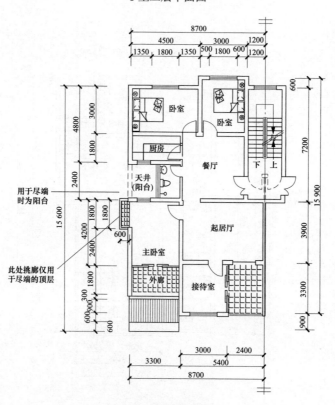

I 型四、五层平面图

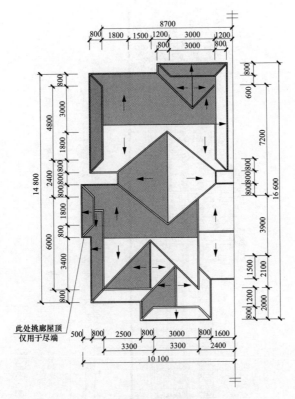

Ⅰ型屋顶平面图

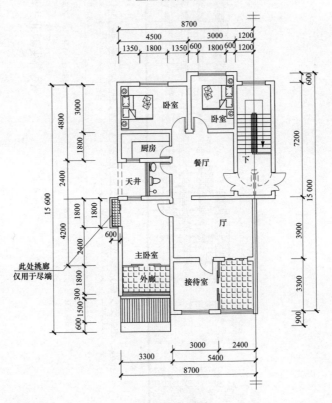

Ⅰ型六层平面图

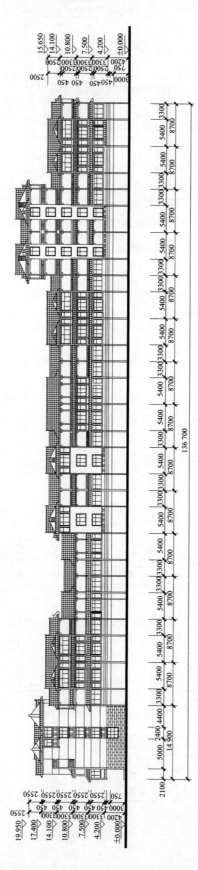

民俗街西北街段南立面图

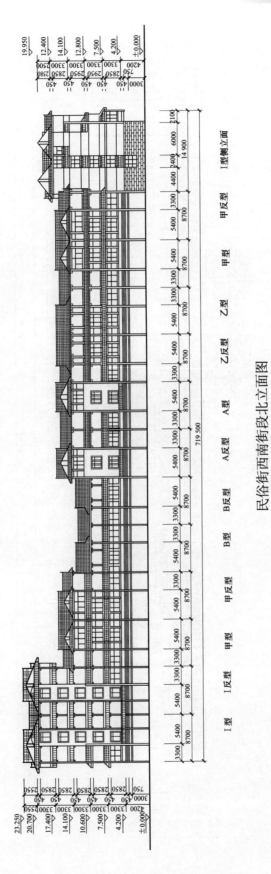

民俗街西南街段北立面图

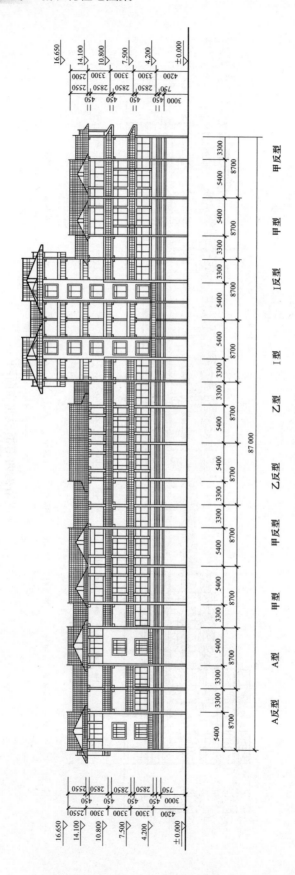

民俗街东北街段南立面图

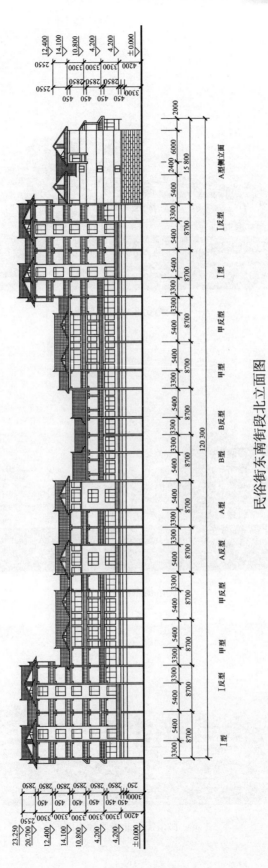

民俗街东南街段北立面图

民俗街东北街段效果图

民俗街东南街段效果图

民俗街西北街段效果图

6.1.2 福建省宁德市漳湾镇增坂村底商住宅

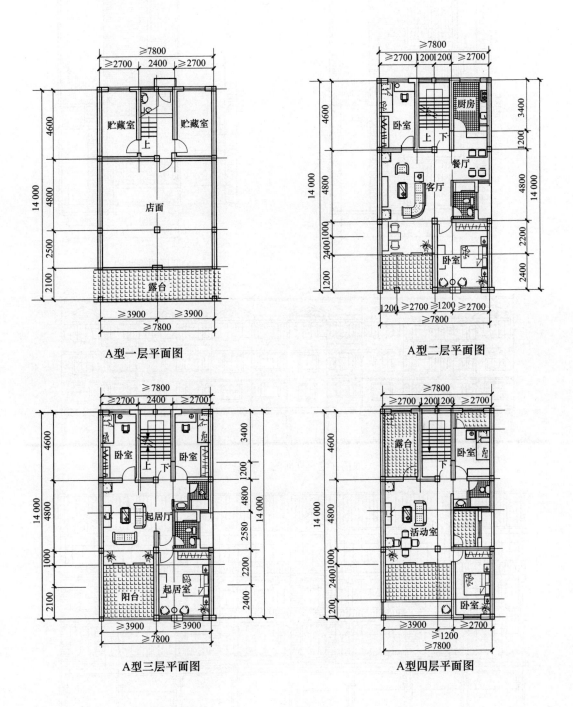

A型一层平面图

A型二层平面图

A型三层平面图

A型四层平面图

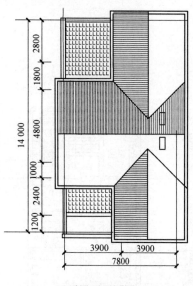

B 型屋顶平面图

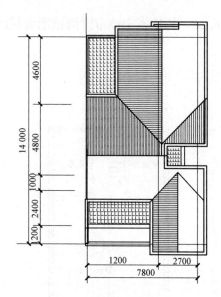

A 型屋顶平面图

底商住宅正立面图（方案一）

底商住宅正立面图（方案二）

6.1.3　福建省泰宁县杉城镇状元街底商住宅

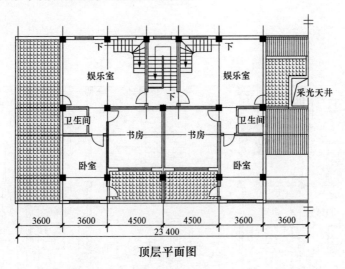

顶层平面图

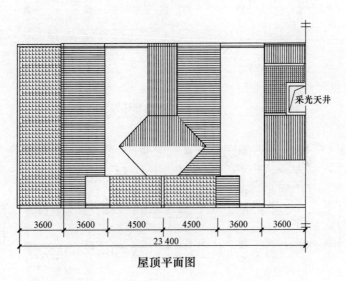

屋顶平面图

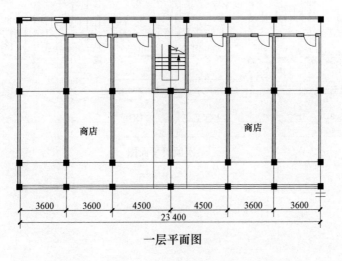

一层平面图

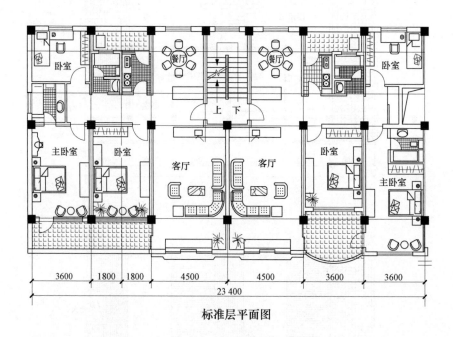

标准层平面图

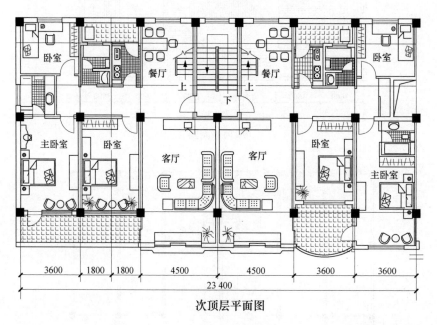

次顶层平面图

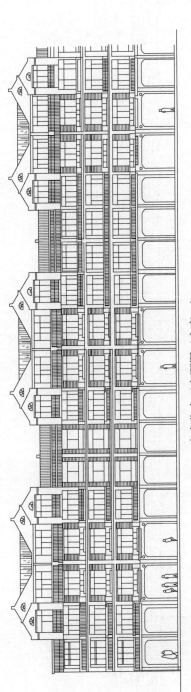

底商住宅正立面图（方案一）

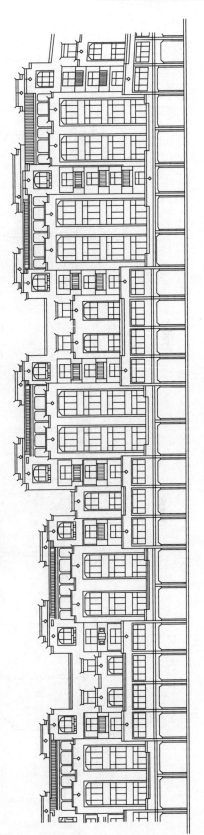

底商住宅正立面图（方案二）

6.1.4 福建省罗源县霍口畲族乡风情街底商住宅

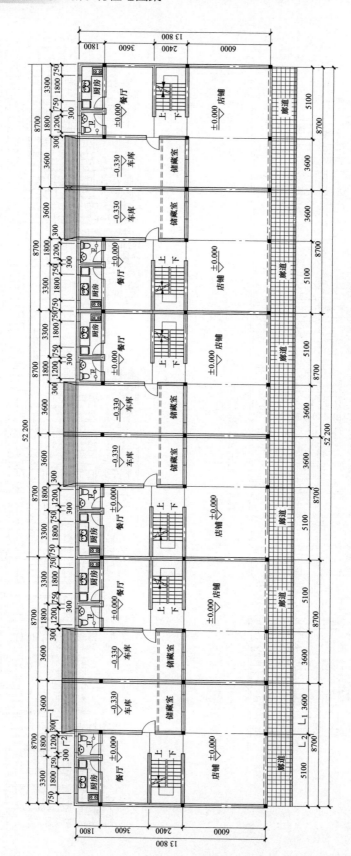

首层平面图（1:100）

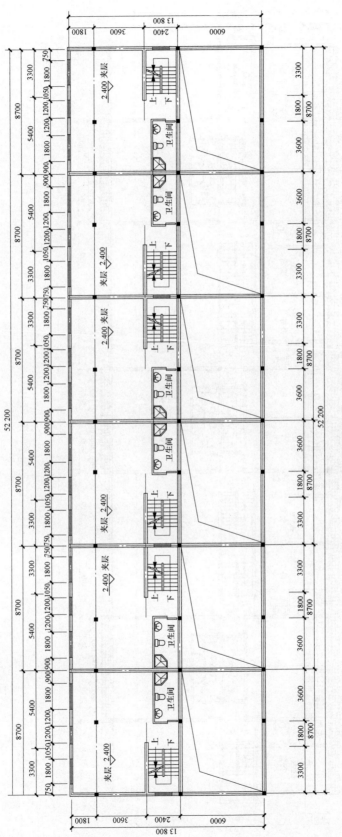

夹层平面图（1:100）

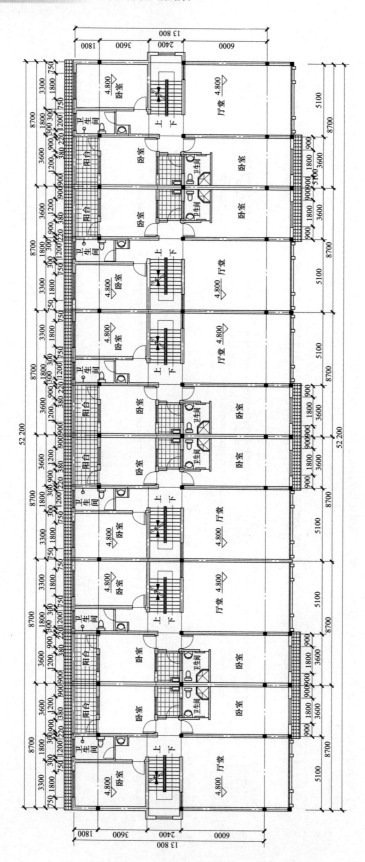

二层平面图（1:100）

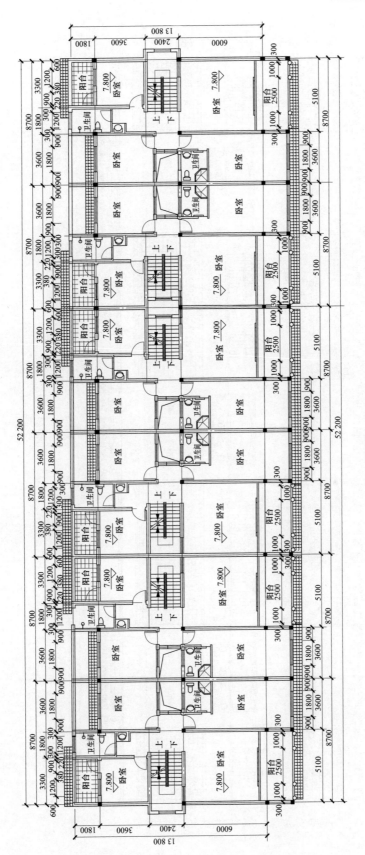

三层平面图（1:100）

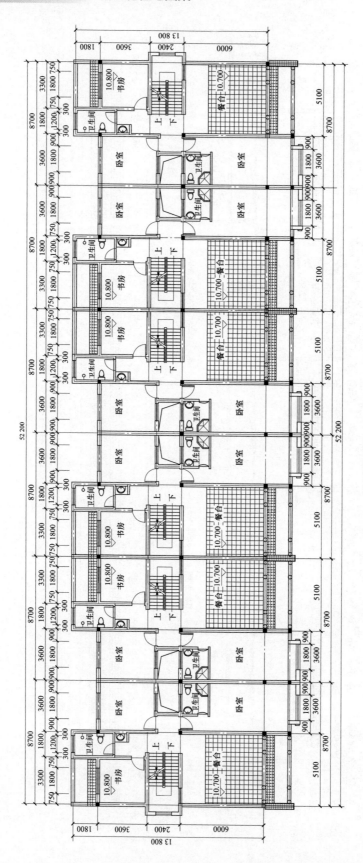

四层平面图（1:100）

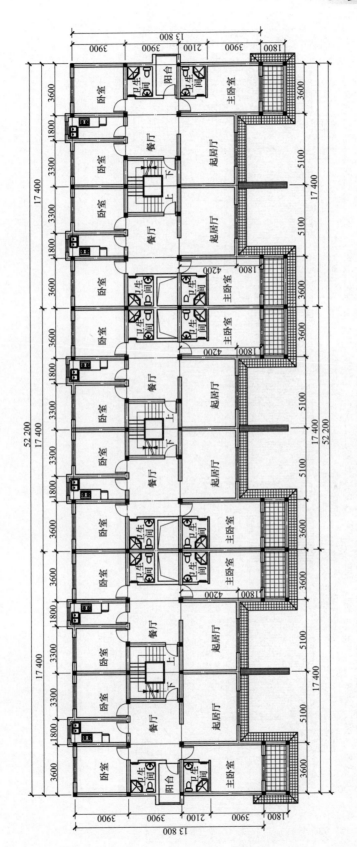

五层平面图（1:100）

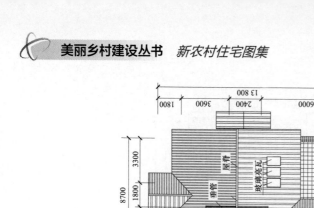

屋顶平面图（1:100）

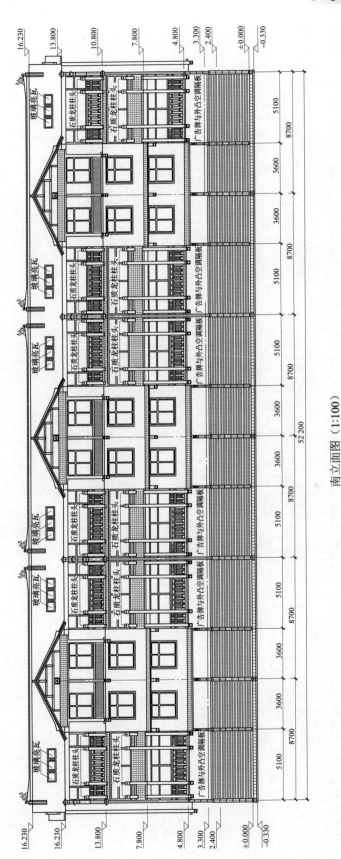

南立面图 (1:100)

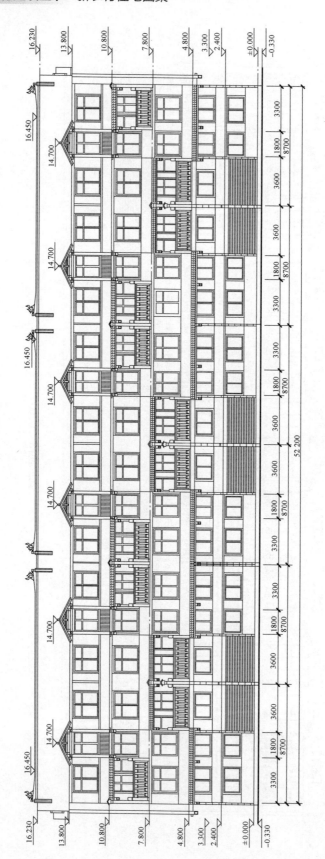

北立面图（1:100）

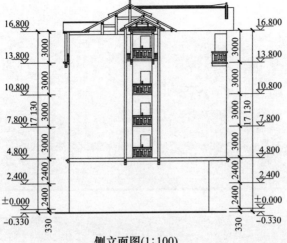

侧立面图(1:100)

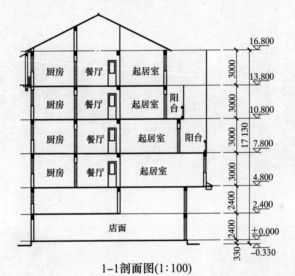

1-1剖面图(1:100)

2-2剖面图(1:100)

效果图

6.2　公寓住宅

6.2.1　江西省乡村公寓住宅（设计：江西省建筑设计研究总院）

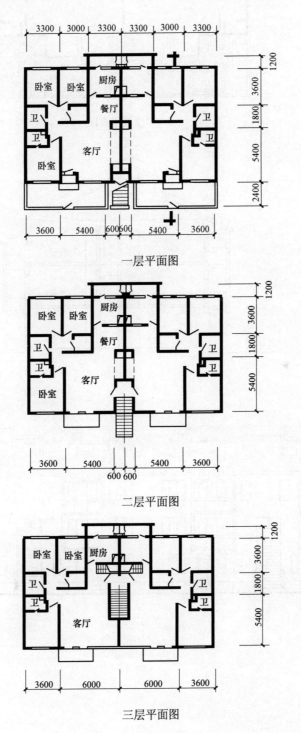

一层平面图

二层平面图

三层平面图

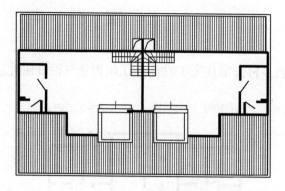

屋顶层平面图

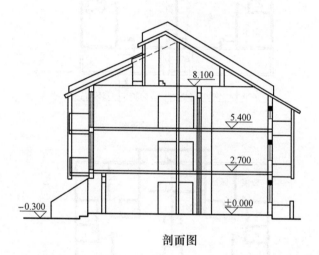

剖面图

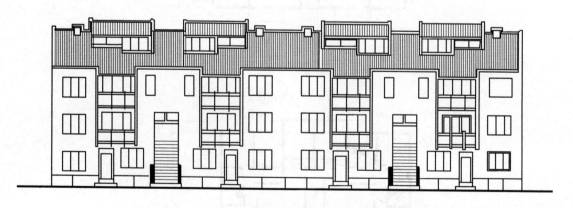

组合南立面图

6.2.2　福建省厦门市黄厝跨世纪农民新村公寓住宅

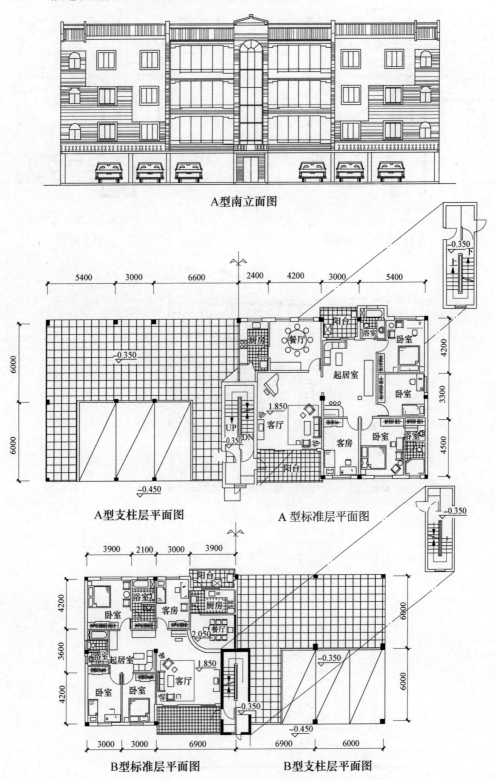

A型南立面图

A型支柱层平面图

A型标准层平面图

B型标准层平面图

B型支柱层平面图

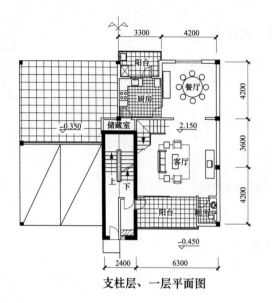

支柱层、一层平面图

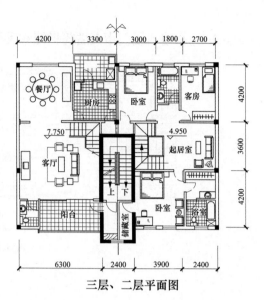

三层、二层平面图

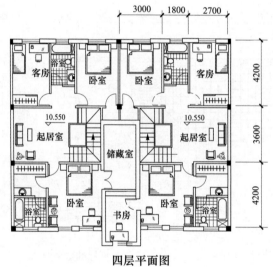

四层平面图

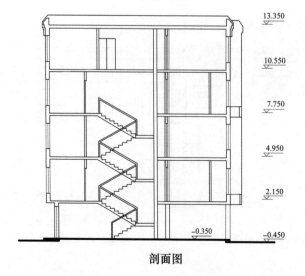

剖面图

6.2.3 福建省莆田市海头村小康住宅示范小区公寓住宅

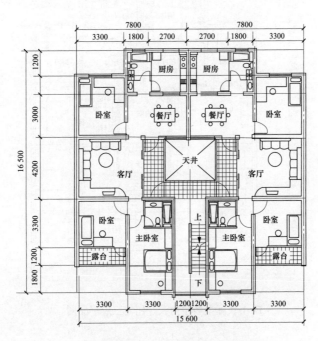

D-1 代际型多层内天井住宅一层平面图

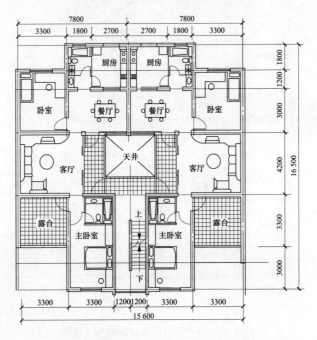

D-1 代际型多层内天井住宅二层平面图

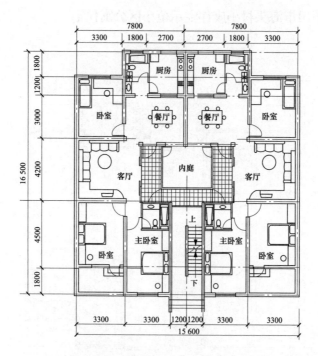

D–1 代际型多层内天井住宅三层平面图

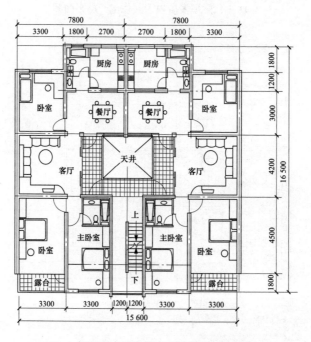

D–1 代际型多层内天井住宅四层平面图

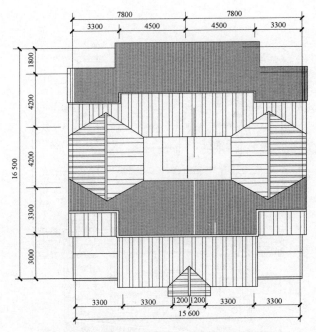

D-1 代际型多层内天井住宅屋顶平面图

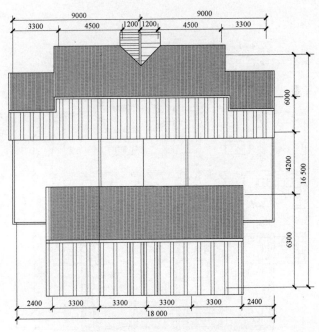

D-2 代际型多层内天井住宅屋顶平面图

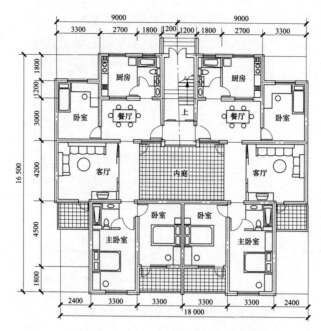

D-2代际型多层内天井住宅一层平面图

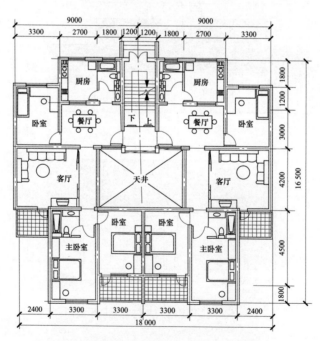

D-2代际型多层内天井住宅标准层平面图

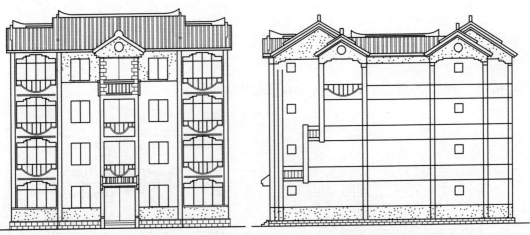

D 代际型多层内天井住宅正立面图（方案一）　　　D 代际型多层内天井住宅侧立面图（方案一）

D 代际型多层内天井住宅正立面图（方案二）

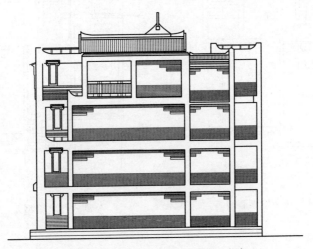

D 代际型多层内天井住宅侧立面图（方案二）

6.3 跃层住宅

6.3.1 福建省闽侯县青口镇住宅小区跃层住宅

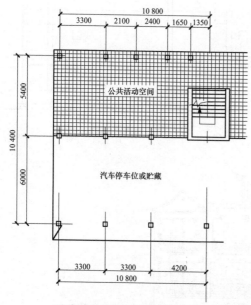

公寓式住宅甲型底层平面图

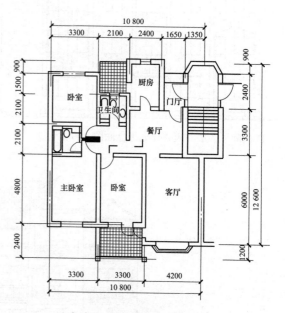

公寓式住宅甲型标准层平面图

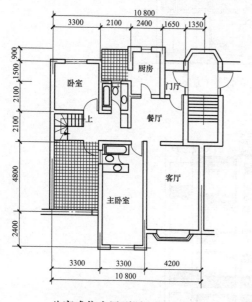

公寓式住宅甲型跃一层平面图

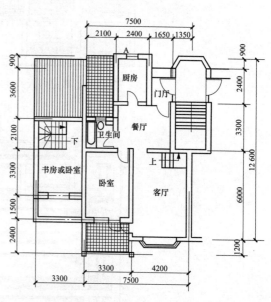

公寓式住宅甲型跃二层平面图

公寓式信宅甲型南立面图

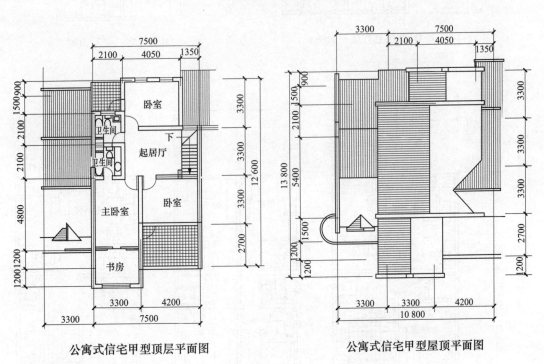

公寓式信宅甲型顶层平面图

公寓式信宅甲型屋顶平面图

6.3.2 江苏省宜兴市高塍镇居住小区跃层住宅（设计：中环联股份有限公司 天津大学建筑系）

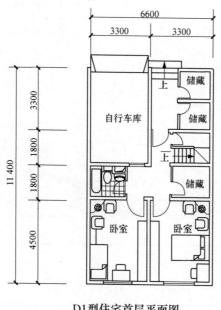

D1型住宅首层平面图

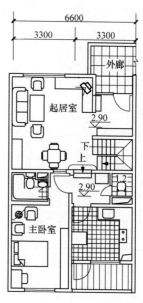

D1型住宅二层平面图

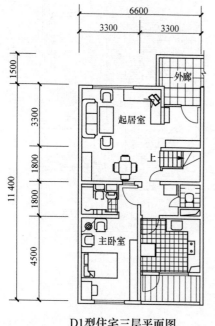

D1型住宅三层平面图

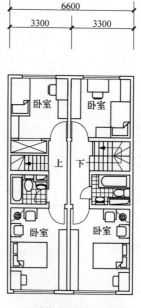

D1型住宅四层平面图

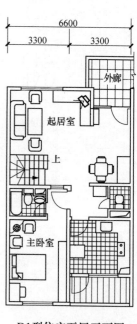

D1型住宅五层平面图

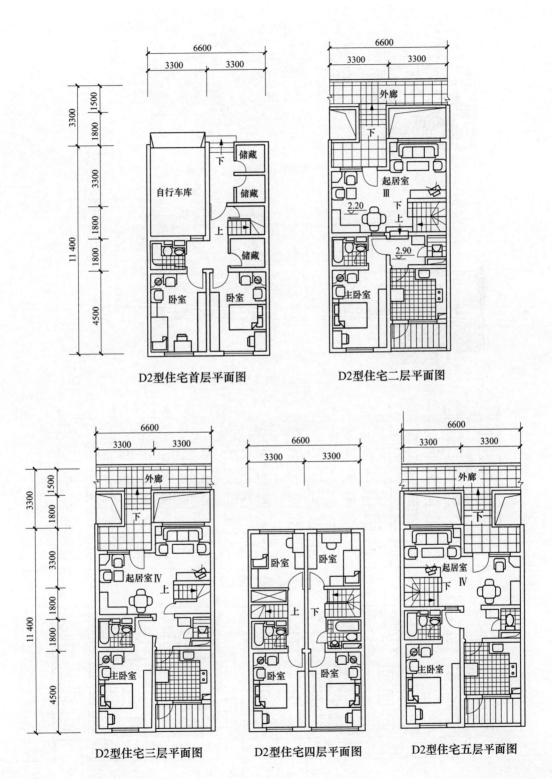

D2型住宅首层平面图

D2型住宅二层平面图

D2型住宅三层平面图　　D2型住宅四层平面图　　D2型住宅五层平面图

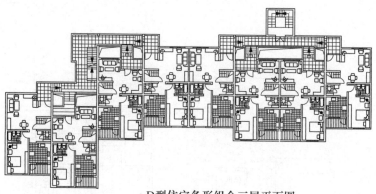

D型住宅条形组合三层平面图

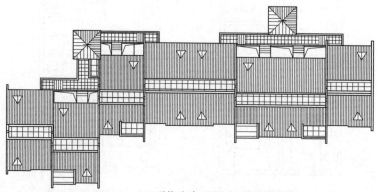

D型住宅条形组合屋顶平面图

D型住宅条形组合南立面图

D型住宅条形组合北立面图

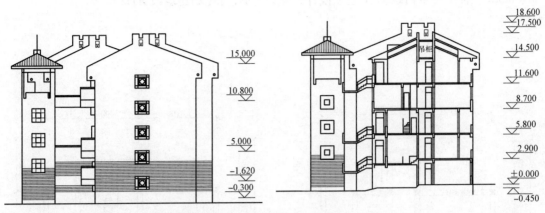

15.000

10.800

5.000

−1.620
−0.300

D 型住宅组合西立面图

18.600
17.500

14.500

11.600

8.700

5.800

2.900

±0.000

−0.450

吊柜

D 型住宅剖面图

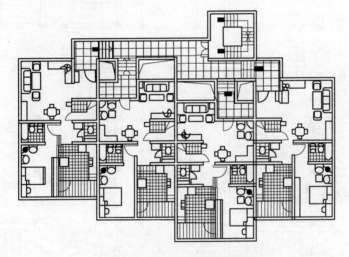

D 型住宅点式组合三层平面图

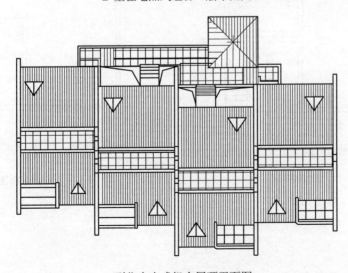

D 型住宅点式组合屋顶平面图

6.3.3 浙江省乡村跃层住宅（设计：浙江平阳县规划建筑设计院）

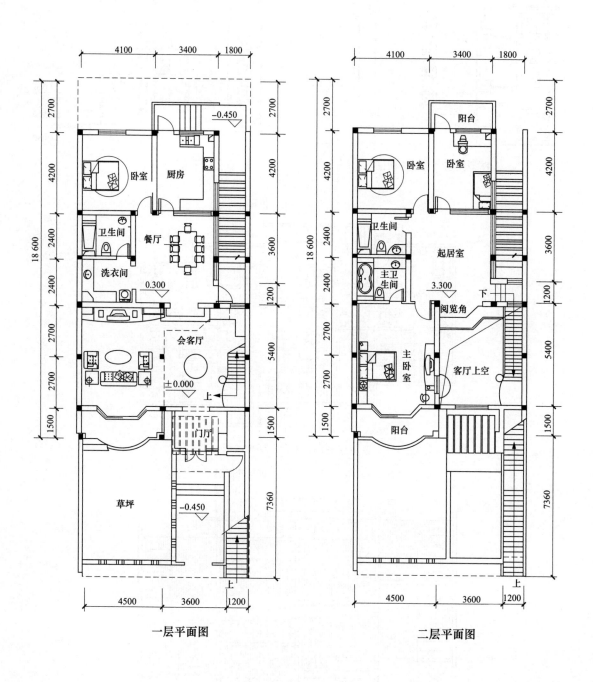

一层平面图   二层平面图

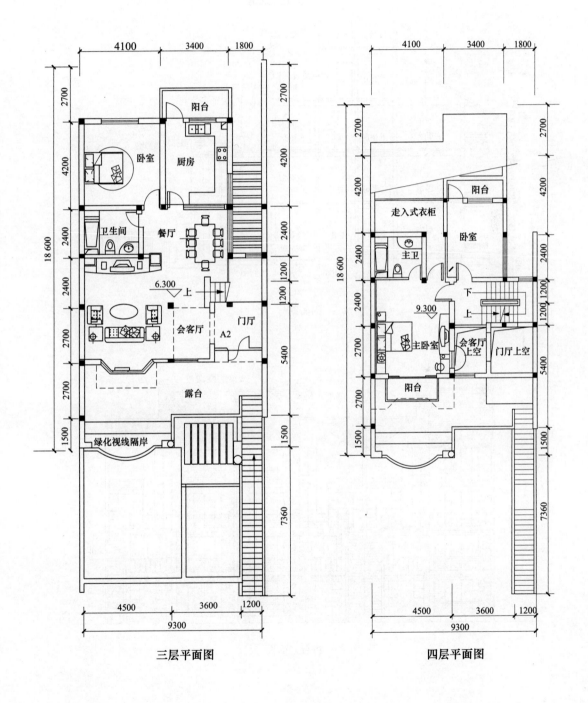

三层平面图

四层平面图

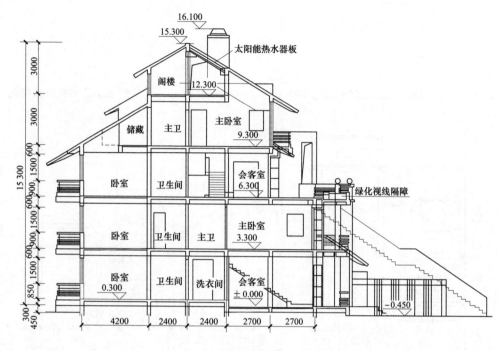

Ⅰ－Ⅰ剖面图

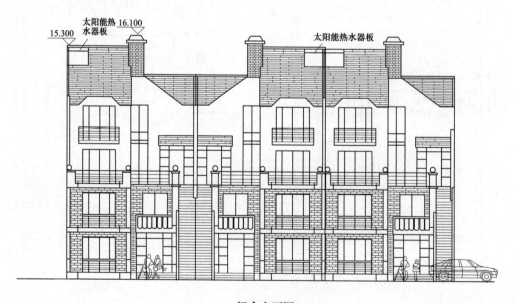

组合立面图

6.3.4　江苏省乡村跃层住宅（设计：无锡市建筑设计研究院　王桂琴　董珂）

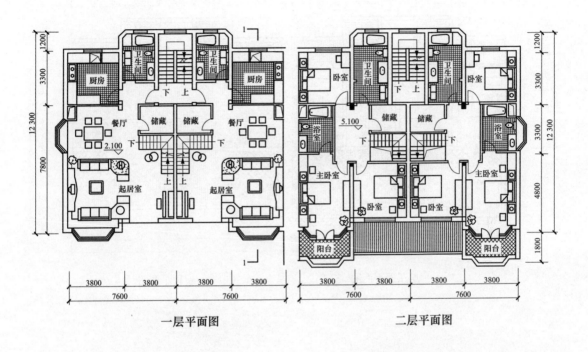

一层平面图　　　　　　　　　　　　　二层平面图

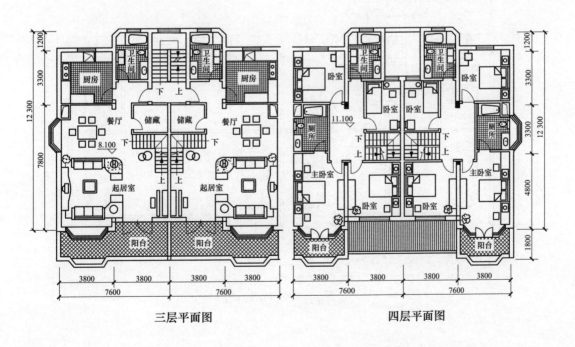

三层平面图　　　　　　　　　　　　　四层平面图

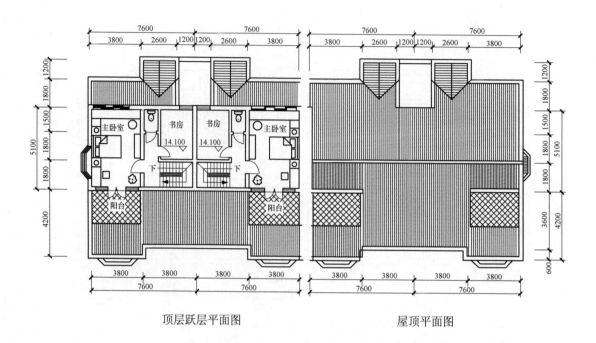

顶层跃层平面图　　　　　　　屋顶平面图

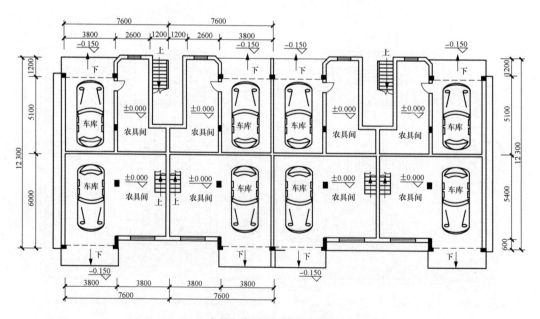

底部车库及农具间平面图

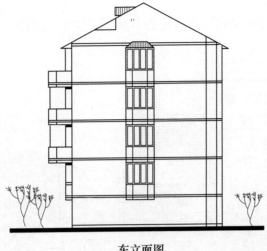

东立面图

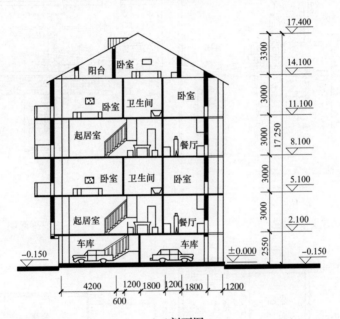

1-1剖面图

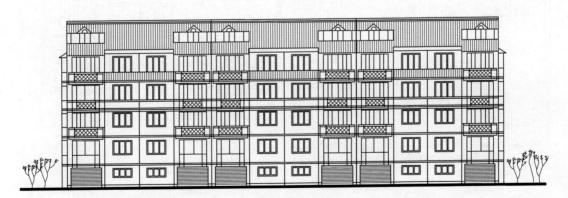

组合体南立面图

6.3.5 四川省广汉市向阳镇小康住宅小区跃层住宅（设计：北京中建科工程设计研究中心）

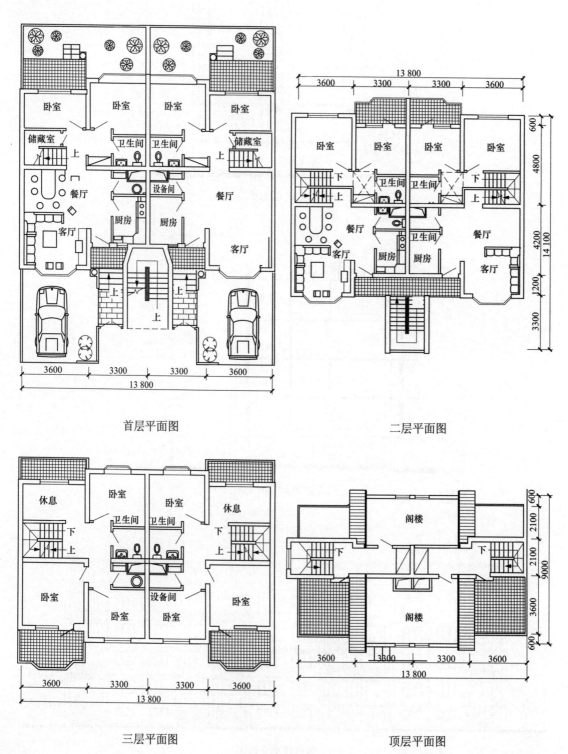

首层平面图

二层平面图

三层平面图

顶层平面图

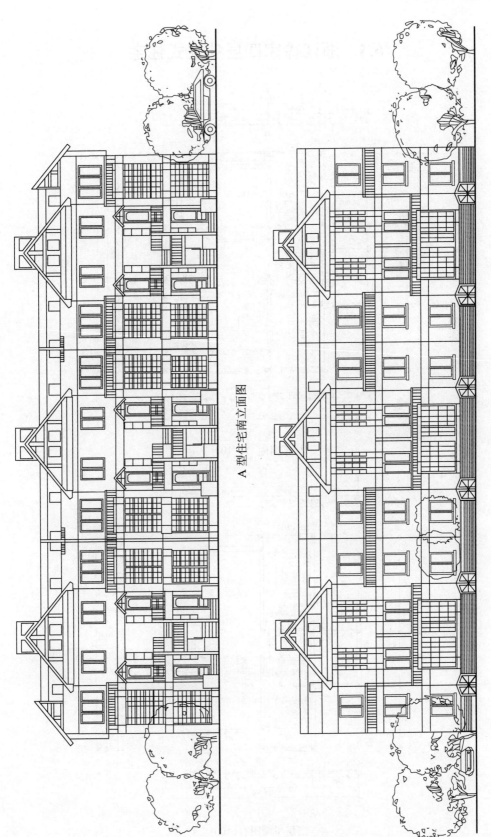

A型住宅南立面图

A型住宅北立面图

6.4 浙江徐家四层独立式住宅

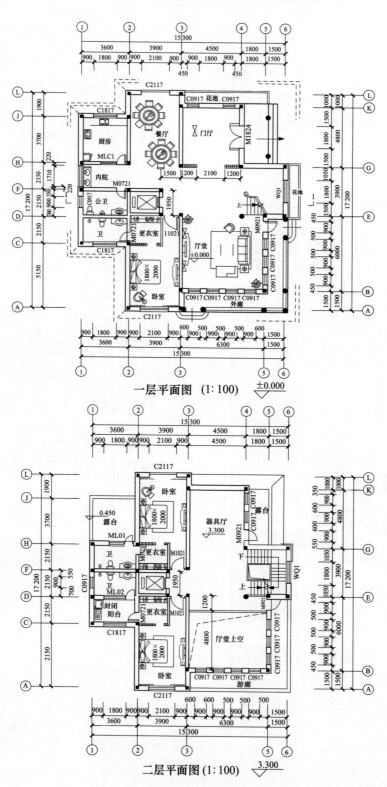

一层平面图 (1:100) ±0.000

二层平面图(1:100) 3.300

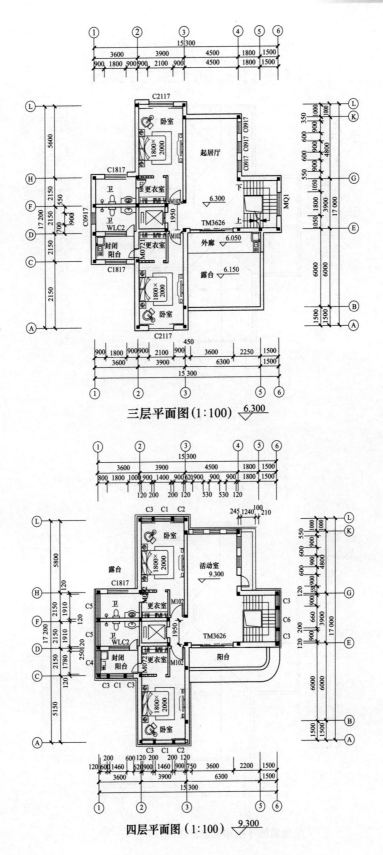

三层平面图（1:100）▽6.300

四层平面图（1:100）▽9.300

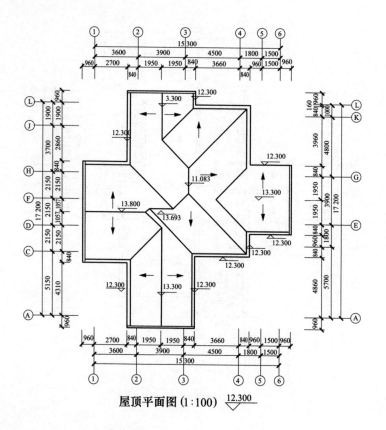

屋顶平面图 (1:100)

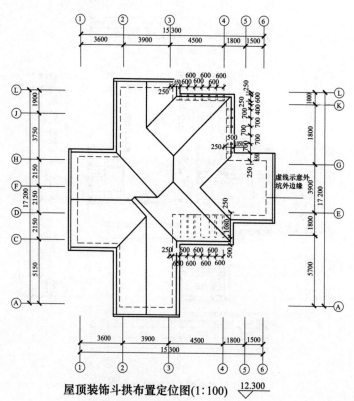

虚线示意外坑外边缘

屋顶装饰斗拱布置定位图(1:100)

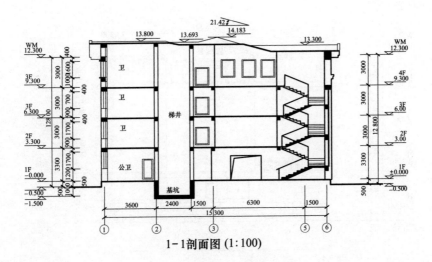

1-1剖面图 (1:100)

①～⑥立面图 (1:100)

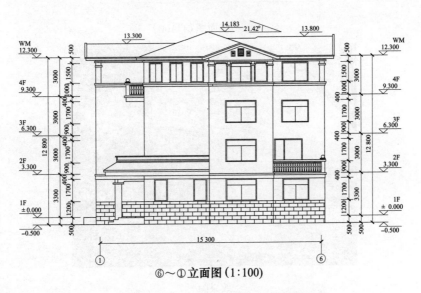

⑥～①立面图 (1:100)

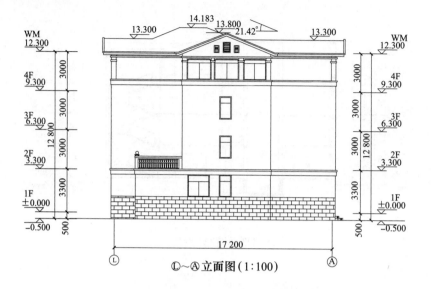

L~A立面图（1:100）

A~L立面图（1:100）

效果图

参 考 文 献

[1] 江苏省建设厅. 新世纪村镇康居——2002 年度江苏省村镇优秀设计方案图集. 南京：江苏科学技术出版社，2003.

[2] 骆中钊. 现代村镇住宅图集. 北京：中国电力出版社，2001.

[3] 骆中钊. 小城镇现代住宅设计. 北京：中国电力出版社，2006.

[4] 骆中钊，骆伟，陈雄超. 小城镇住宅小区规划设计案例. 北京：化学工业出版社，2005.

[5] 骆中钊，刘金泉. 破土而出的瑰丽家园. 福州：海潮摄影艺术出版社，2003.

[6] 王其钧. 中国民居. 上海：上海人民美术出版社，1997.

[7] 刘殿华. 村镇建筑设计. 南京：东南大学出版社，1999.

[8] 刘军，刘玉军，白芳. 新农村住宅图集精选. 北京：中国社会出版社，2006.

[9] 张靖静. 村镇小康住宅设计图集（一）. 南京：东南大学出版社，1999.

[10] 胡风庆. 村镇小康住宅设计图集（二）. 南京：东南大学出版社，1999.

[11] 骆中钊. 小城镇住宅区规划与住宅设计. 北京：机械工业出版社，2011.